基金项目：

辽宁省哲学社会科学规划基金（思政专项）《思想政治理论课在线教学评价体系构建研究》，项目编号：L19CSZ003

沈阳航空航天大学博士启动项目《中国特色社会主义生态文明制度建设研究》，项目编号：15YB31

中国生态文明制度建设思想研究

王　旭　著

东北大学出版社

·沈　阳·

图书在版编目（CIP）数据

中国生态文明制度建设思想研究 / 王旭著.—沈阳：东北大学出版社，2021.6
ISBN 978-7-5517-2710-5

Ⅰ.①中…　Ⅱ.①王…　Ⅲ.①生态环境建设－研究－中国　Ⅳ.①X321.2

中国版本图书馆 CIP 数据核字(2021)第 127039 号

出 版 者：东北大学出版社
地址：沈阳市和平区文化路三号巷 11 号
邮编：110819
电话：024-83683655(总编室)　83687331(营销部)
传真：024-83687332(总编室)　83680180(营销部)
网址：http://www.neupress.com
E-mail: neuph@neupress.com
印 刷 者：辽宁一诺广告印务有限公司
发 行 者：东北大学出版社
幅面尺寸：170mm×240mm
印　　张：12.75
字　　数：190 千字
出版时间：2021 年 6 月第 1 版
印刷时间：2021 年 6 月第 1 次印刷
责任编辑：刘振军
责任校对：杨　坤
封面设计：潘正一
责任出版：唐敏志

ISBN 978-7-5517-2710-5　　定　价：50.00 元

前　言

孟子云："车无辕不行，人无信不立。"制度就是负载我们社会前行的"辕"，是人们的行为准则和处世规范。马克思恩格斯指出："制定一个原则性纲领，这就是在全世界面前树立起可供人们用来衡量党的运动水平的里程碑"①。列宁强调："一个政党如果没有纲领，就不可能成为政治上比较完整的、能够在事态发生任何转折时始终坚持自己路线的有机体"②。在领导中国革命、建设和改革的伟大实践中，正是中国共产党人高度重视党的制度建设，使党的建设有法可依、有规可循，为党的建设提供了基本遵循，从而有力地推动了党和国家事业的发展。在生态文明建设中，同样需要加强生态文明制度建设，构建完备的生态文明制度体系。

党的十八大以来，生态文明建设被纳入中国特色社会主义事业"五位一体"的战略总体布局，中共中央、国务院于2015年4月出台《关于加快推进生态文明建设的意见》。2015年9月印发《生态文明体制改革总体方案》，强调要立足我国社会主义初级阶段的基本国情，加快建立系统完整的生态文明制度体系。党的十九大报告明确指出，建设美丽中国，必须加快生态文明体制机制改革，强调要用制度保障生态文明建设。2018年3月11日，第十三届全国人民代表大会第一次会议表决通过了《中华人民共和国宪法》修正案，将

① 马克思，恩格斯. 马克思恩格斯文集：第3卷［M］. 中共中央马克思恩格斯列宁斯大林著作编译局，编译. 北京：人民出版社，2009：426.

② 列宁. 列宁全集：第20卷［M］. 中共中央马克思恩格斯列宁斯大林著作编译局，编译. 北京：人民出版社，1989：357.

"生态文明"写入宪法，使之有了宪法保障。党的十九届四中全会再次强调要"坚持和完善生态文明制度体系，促进人与自然和谐共生"。党的十九大以来，中共中央办公厅、国务院办公厅印发了《关于统筹推进自然资源资产产权制度改革的指导意见》《中共中央 国务院关于建立国土空间规划体系并监督实施的若干意见》《关于建立以国家公园为主体的自然保护地体系的指导意见》《中央生态环境保护督察工作规定》《关于构建现代环境治理体系的指导意见》等文件。经过多年实践，中国共产党把生态文明的主张上升为国家意志，把生态文明建设从概念的理论层面落于制度的执行层面，标志着生态文明建设进入实质性推进的阶段。当前，我国已经到了加快推进生态文明制度体系改革的关键时期。在社会主义制度下实现国家治理现代化，落实到生态文明建设上，就是要形成一整套系统完备的生态文明制度。那么，生态文明制度的基本内涵是什么？我国生态文明制度建设思想经历哪些发展阶段呢？新时代，我们又将如何坚持和完善生态文明制度体系呢？基于以上问题的分析正是本书研究的重点内容和现实意义所在。

全书共分六章，系统研究了我国生态文明制度建设的理论和实践问题，主要内容包括生态文明制度的理论研究；我国生态文明制度建设思想的形成发展过程；我国生态文明制度建设思想的主要内容；坚持和完善生态文明制度体系的战略重点，并在国家治理现代化视域下，提出完善我国生态文明制度建设的路径对策。具体研究思路如下：

第一章围绕生态文明制度建设的基本内涵、理论体系、必要性等方面进行简要介绍。

第二章阐述生态文明制度建设思想的理论基础。

第三章详细回顾了我国生态文明制度建设思想的演进历程，并凝练各时期中国生态文明制度建设思想的阶段性特点。

第四章系统阐释中国生态文明制度建设的主要内容。

第五章根据党的十九届四中全会对于生态文明制度体系的重要规定，阐释新时代坚持和完善生态文明制度体系的战略重点。

第六章在国家治理现代化视域下，从加强党对环境保护的领导、构建环境保护责任体系、完善现代环境治理体系、提升现代环境治理能力等几方面，探索新时代完善中国生态文明制度建设的路径。

本书是沈阳航空航天大学博士启动项目“中国特色社会主义生态文明制度建设研究”（项目编号：15YB31）的研究成果，其间得到了沈阳航空航天大学马克思主义学院的大力支持及经费资助。同时，本研究还依托辽宁省哲学社会科学规划基金（思政专项）“思想政治理论课在线教学评价体系构建研究”（项目编号：L19CSZ003），属于此项目的阶段性研究成果，作者对上述部门给予的支持和帮助深表感谢！

本书中引用和借鉴了国内外一些专家学者的研究成果，他们的真知灼见使我深受启发，这里也向他们深表谢意！

尽管本书的出版标志着部分课题的完成，但我国生态文明制度建设还有大量的理论和实践问题有待解决。生态文明建设是理念和思维方式的变革，是一个在行进过程中不断演化的概念，生态文明制度建设也是随着实践的发展和认识的提升逐渐丰富深化的庞大体系。研究内容不断与时俱进的动态变化性是研究难点所在。由于作者的学识和研究水平有限，本书研究中还存在太多的不足和缺憾，恳请读者给予批评指正。本书仅是抛砖引玉，希望有更多的专家学者提出宝贵意见，为我国生态文明制度建设贡献自己的智慧和力量，共同构筑我们的“绿色”中国梦！

王 旭
2020 年 12 月

目　录

绪　论 …… 1

一、生态文明制度的研究现状及成果评述 …… 1

二、生态文明制度的理论和实践问题 …… 4

第一章　生态文明制度建设的理论体系及其必要性 …… 7

第一节　生态文明制度的理论体系 …… 7

一、制度概念的阐释 …… 8

二、生态文明制度的基本内涵 …… 14

三、构建生态文明制度的理论体系 …… 17

第二节　生态文明制度建设的必要性 …… 22

一、生态文明制度是推进生态文明建设的重要突破口 …… 22

二、生态文明制度是中国特色社会主义制度的题中应有之义 …… 26

三、制度建设是生态文明建设的保障 …… 32

第二章　中国生态文明制度建设思想的理论基础 …… 37

第一节　马克思恩格斯生态思想 …… 37

一、马克思恩格斯关于人与自然关系的生态思想 …… 38

二、马克思恩格斯关于生态问题的制度批判理论 …… 40

第二节　西方主流生态思想 …… 45

一、环境政治学 …… 45

二、生态社会主义 …… 47
第三节　中国古代环境保护的智慧 …… 48
一、设置环境保护的行政机构 …… 49
二、颁布环境保护禁令 …… 50
三、建立环境保护制度体系 …… 51
第三章　中国生态文明制度建设思想的形成发展 …… 55
第一节　孕育期：制定环境保护政策的探索期（新中国成立之初——改革开放前） …… 55
一、出台环境保护法律文件 …… 56
二、明确环境保护法规 …… 60
三、小结 …… 63
第二节　起步期：开启环境保护立法的形成期（改革开放初——20世纪90年代） …… 64
一、建立环境保护的法律保障制度 …… 65
二、设立环境保护的专门机构 …… 69
三、小结 …… 71
第三节　发展期：贯彻可持续发展的关键期（20世纪90年代——党的十六大） …… 73
一、明确提出可持续发展理念 …… 73
二、加快生态环境保护法制化建设进程 …… 80
三、小结 …… 85
第四节　完善期：建设中国特色社会主义生态文明的新时期（党的十六大——党的十八大） …… 86
一、生态文明建设的提出 …… 87
二、生态文明制度的跨越式发展 …… 94
三、小结 …… 102
第五节　成熟期：深化生态文明体制改革的加速期（党的十八大——至今） …… 102
一、建立科学完备的生态文明制度体系 …… 103
二、制定生态文明制度体系建设的系统方案 …… 110

三、大力加强环境保护执法监管 …… 113
四、小结 …… 116

第四章 中国生态文明制度建设思想的主要内容 …… 118

第一节 健全环境道德教育制度 …… 118
一、环境道德教育正式制度 …… 119
二、强化环境道德教育非正式制度 …… 120
第二节 完善环境保护法治体系 …… 122
一、健全以源头保护为核心的环境管理制度 …… 122
二、建立以过程补偿为核心的生态补偿制度 …… 127
三、加快以末端修复为核心的生态修复制度建设 …… 129
第三节 改进考核评价制度 …… 131
一、健全绿色政绩考核评价制度 …… 131
二、科学制定生态奖惩制度 …… 134
三、严格责任追究制度 …… 136
第四节 培育生态文化 …… 138
一、建立全民生态文明宣传教育制度 …… 139
二、建立学校学生生态文明教育制度 …… 140
三、完善企业的生态文明培育制度 …… 142

第五章 坚持和完善生态文明制度体系的战略重点 …… 144

第一节 建立健全资源领域制度 …… 144
一、全面建立资源高效利用制度 …… 145
二、建立自然资源产权制度 …… 146
第二节 健全生态修复和损害补偿机制 …… 147
一、科学界定保护者与受益者权利义务 …… 148
二、实行资源有偿使用制度和生态补偿制度 …… 148
第三节 严明生态保护责任制度 …… 149
一、强调党政同责 …… 149
二、突出行政问责 …… 150
三、实行终身追责 …… 152

第四节　构建生态安全体系 …… 153
一、构建国家生态安全体系 …… 153
二、维护全球生态安全 …… 155

第六章　国家治理视域下中国生态文明制度建设的路径优化 …… 157

第一节　加强党对环境保护的领导 …… 157
一、全面加强党对生态环境保护的领导 …… 158
二、建立和完善领导干部生态环境保护责任制 …… 159
第二节　构建环境保护责任体系 …… 159
一、明确政府主导责任 …… 160
二、强化企业主体责任 …… 161
三、鼓励公众共同参与 …… 163
第三节　完善现代环境治理体系 …… 164
一、改革完善生态环境监管体系 …… 165
二、完善环境治理政策支撑体系 …… 166
三、健全生态环境保护法治体系 …… 168
四、构建环境保护社会行动体系 …… 168
第四节　提升现代环境治理能力 …… 171
一、运用绿色技术破解治理难题 …… 171
二、加强生态环境监测网络建设 …… 173
三、提升生态治理科学化水平 …… 174
四、加强生态执法能力建设 …… 175

结　论 …… 177

一、中国生态文明制度的理论阐释 …… 177
二、完善中国生态文明制度建设的对策分析 …… 179

参考文献 …… 182

绪 论

制度建设是社会主义现代化建设的重要保障。中华人民共和国成立70年多来，我国生态文明制度建设经历了从无到有、不断完善的过程，并取得了积极成效。党的十八大将生态文明纳入中国特色社会主义总体布局，并提出要加强生态文明制度建设。2018年5月18日至19日，习近平总书记在出席第八次全国生态环境保护大会并发表重要讲话时强调："用最严格制度最严密法治保护生态环境。"党的十九届四中全会审议通过的《中共中央关于坚持和完善中国特色社会主义制度　推进国家治理体系和治理能力现代化若干重大问题的决定》指出："坚持和完善生态文明制度体系，促进人与自然和谐共生。"生态文明制度建设作为习近平生态文明思想的重要内容，已经成为新时代推进生态文明建设、推进国家治理体系和治理能力现代化的重要抓手和有效保障。近年来，生态文明制度建设不仅是国家关注的重点议题，也成为理论研究的热点问题。科学把握当前生态文明制度研究现状，厘清生态文明制度建设中的重大理论和现实问题，对推动我国生态文明建设、实现国家治理体系和治理能力现代化具有重大的理论意义与实践意义。

一、生态文明制度的研究现状及成果评述

党的十八大以来，生态文明制度建设思想成为学术界研究的热点之一。学者们根据掌握的材料，结合各自的专业领域，从不同的角度研究生态文明制度建设问题，取得了很多优秀成果。比如，余谋昌的《生态文明论》；解振华、冯之俊主编的《生态文明与生态自觉》；赵建军的《如何实现美丽中国梦：生态文明开启新时代》《全球视野中的绿色发展与创新——中国未来可持续发展模式探寻》；

胡鞍钢的《中国创新绿色发展》《中国道路与中国梦想》；沈满洪等人的《生态文明建设与区域经济协调发展战略研究》；钱俊生、余谋昌的《生态哲学》；程伟礼、马庆等的《中国一号问题：当代中国生态文明问题研究》；傅治平的《生态文明建设导论》；诸大建主编的《生态文明与绿色发展》；赵克的《科学技术的制度供给》；林毅夫的《制度、技术与中国农业发展》；严耕的《生态文明理论建构与文化资源》；卢风的《从现代文明到生态文明》；李雅云等人的《生态文明制度建设十二题》；陈晓红等人的《生态文明制度建设研究》等。通过检索中国知网的文献，关于生态文明制度发表的论文数量也呈现上升趋势。论文数量之大和增长速度之快足以反映出“生态文明制度建设”已经逐渐被人们接受和支持。在已发表的文章中，归纳比较有代表性的关于生态文明制度建设研究的观点包括如下几个方面。

第一，基于生态文明制度建设思想的理论研究。对于生态文明制度建设思想的理论研究大致可以分为三类。第一类，历史视角分析生态文明制度建设思想，将我国生态文明制度建设的形成与发展作为一个历史演进的动态过程进行考察。杨勇、阮晓莺认为，毛泽东生态文明建设思想是中国共产党人探索生态文明制度建设的逻辑起点。汪希认为，邓小平曾明确提出，建立强制性的法律法规制度保护生态，这一时期是我国生态文明制度建设的萌芽阶段。党的十八大以来，形成了以习近平生态文明思想为核心的生态文明制度建设的丰富内容，并随着我国生态文明建设的不断推进，持续向纵深发展。唐鸣、杨美勤认为，生态文明建设纳入“五位一体”中国特色社会主义事业总体布局，生态文明制度建设也日益完善。第二类，学者从环境政治学视角下构建生态文明制度体系。郇庆治指出，我国的社会主义生态文明制度体系是中国特色社会主义制度框架的一个内在组成部分。我国生态文明制度体系与其他基本制度相互关联，同时自身又是由一系列重要制度、众多具体制度有机结合而成的整体性框架。其中，社会主义的基本经济、政治、社会与文化制度发挥着十分重要的支撑、保障与规约作用。第三类，阐释构建生态文明制度的基本原则。习近平总书记强调，新时代推进生态文明建设，必须坚持好以下原则：一是坚持人与自然和谐共生；二是绿水青山就是金山银山；三是良好生态环境是最普惠的民生福祉；四是山水林田湖草是生命共同体；五是用最严格的制度、最严密的法治保护生态环境；六是共谋全球生态文明建设。陈俊认为，制度体系是生态文明建设的根本保障，除必须坚持上述六项原则外，建设生态文明制度体系还需立足于制度建设与国家治理体系层面，坚持系统、科学、公平、高效等更为具体的原则。

第二，基于生态文明制度建立紧迫性的呼吁。卢风认为，为走出生态危机，走向生态文明，我们必须改变“大量生产—大量消费—大量废弃”的生产、生活方式，必须摒弃经济主义、消费主义和物质主义。生态文明的制度建设应该以生态学和生态价值观为指导，生态价值观既能对各种宗教和哲学保持特定意义上的中立性，又能构成各种真正重视精神超越的宗教和哲学的重叠共识。[①] 赵建军认为，生态文明制度是生态文明的基石，为生态文明建设提供行动标准。[②] 李宏伟认为，贯彻习近平生态文明思想，加快推进美丽中国建设必须完善制度，构建生态文明建设的保障机制。通过生态文明体制改革，推进生态文明制度建设，是国家治理体系和治理能力现代化的重要组成部分。也有学者基于生态保护的现实状况，提出要构建科学的制度体系，解决人与自然、资源的关系问题。王毅、苏利阳认为，我国的资源环境危机日趋严重，构建科学有效的生态文明制度体系，不仅可以解决重大资源环境问题，而且也会对全球可持续发展进程产生影响。

第三，基于构建生态文明制度体系的路径要求。郇庆治认为，我国生态文明制度建设应建立包括自然生态管理体制、生态经济体制、“两型社会”（资源节约型、环境友好型）体制、个体生态文明的生活制度体系等组成的综合性、多维度的制度框架。夏光认为，生态文明制度的创新应朝着完善科学决策制度、强化法治管理制度、推动道德文化制度三个方面进行深化提高。推进生态文明制度创新

---

① 卢风．生态价值观与制度中立——兼论生态文明的制度建设［J］．上海师范大学学报（哲学社会科学版），2009（2）：1-8+19.

② 赵建军．加快推进生态文明制度建设［N］．光明日报，2012-12-25.

的对策还应包括：绿色 GDP 核算制度、设计生态补偿机制、生态环境司法联动机制、改进环境税收政策、完善科技创新体制等。沈洪涛、廖菁华认为，我国生态文明制度应该从政府层面，借助“会计确认和会计计量方法”，作为碳排放权交易、生态补偿机制的计价基础；从企业层面上，环境会计制度正在转向生态会计制度建设；从社会层面上，政府和企业环境信息的公开透明能够搭建起生态文明制度建设中的对话合作机制。冉春芳认为，在生态文明制度建设的环境治理机制下，选择环境审计制度建设模式。刘登娟、黄勤认为，在我国的生态文明制度建设方面，应该建立符合生态文明建设的目标制度体系，完善环境经济政策体系以及保障体系，实现规制手段、经济手段和公众手段共同着力的多元环境治理体系。

从上述梳理，我们可以看到，当前国内对于生态文明制度建设的研究趋势可概括为三个：首先，逐步对依靠制度、依靠法治保护生态环境达成广泛共识。其次，愈加关注习近平生态文明思想蕴含的法治建设内容，加快生态文明制度创新，强化制度执行，让制度成为刚性的约束。最后，日益深化对我国生态文明制度体系改革创新路径的研究。但是，目前研究，缺乏从思想层面对中国生态文明制度建设思想形成过程的系统梳理，特别是挖掘不同时期我国生态文明制度建设思想呈现出的阶段性特征稍显不足，对中国生态文明制度建设思想的世界意义研究不够深入。

二、生态文明制度的理论和实践问题

生态文明建设是一场涉及生产方式、生活方式、思维方式和价值观念的革命性变革，需要一代人甚至几代人久久为功、不懈努力。实现这样的根本性变革，必须依靠制度和法治。当前，我国生态文明制度体系已经基本建立，但距离新时代中国特色社会主义建设的要求还有很大差距，面临许多挑战，需要多维度推进生态文明制度体系改革，不断增强生态文明制度的系统性、整体性、协同性。

首先，生态文明制度并非单一地设定某项制度，而是构建一整套科学完备的制度体系。一方面，生态文明制度是中国特色社会主义制度的有机组成，要将生态文明制度置于中国特色社会主义制度框架下，从中国特色社会主义制度角度阐释生态文明制度建设思想的主要内容和价值取向。另一方面，生态文明制度是国家治理体系的子系统，要将生态文明制度置于国家治理的宏观视域下，从推进国家治理体系和治理能力现代化视角解读如何通过提高治理能力，将生态文明制度优势更好地转化为环境治理效能。通过持续深化、扎实推进生态文明体制机制改革，健全生态文明建设的长效治理机制，在国家治理现代化视域下，以系统思路完善生态文明制度，实现美丽中国、建设人与自然和谐相处的现代化目标。

其次，生态文明制度建设并非一劳永逸，需要不断完善。生态文明制度的建立是一个不断深化演进的动态过程，需要随着实践的发展不断完善和改进。科学合理的制度设计，不仅要适应现阶段社会生产力发展水平，而且要反映社会生产力发展趋势。这要求制度建设既不能超越现阶段社会生产力发展水平，一味追求高级制度模式与制度形态，又不能固步自封，一味迁就现有生产力系统中落后的部分，阻碍先进制度的发展。改革开放以来，邓小平同志不仅强调制度问题对于国家发展的重要性，还意识到法治建设对环境保护的重要意义。20 世纪 80 年代我国着手制定《环境保护法》等相关法律制度，并设置环境保护机构。党的十七大首次提出“建设生态文明”的任务，党的十八大正式将生态文明建设纳入中国特色社会主义总体布局，强调“把生态文明建设放在突出地位”“加强生态文明制度建设”。自党的十八大以来，我国更是加快了生态文明建设顶层设计和生态文明制度体系改革的步伐，相继出台了一系列生态文明改革方案，对生态文明制度建设进行了系统部署。以健全生态文明制度体系为重点，形成《生态文明体制改革总体方案》的“四梁八柱”。习近平总书记在 2018 年第八次全国环境保护大会上明确指出，要建立健全“以治理体系和治理能力现代化为保障的生态文明制度体系”。正是通过一系列生态文明领域的理论创新和制度建设，生态文明理念更加深入人心，生态文明制度的基本框架逐步形成。

最后，完备的制度体系并非生态文明制度建设的终结，需要强有力的制度执行。生态文明制度建设在理论上行得通固然重要，在实践中行得通更为关键。习近平同志指出，“制度的生命力在于执行”。构建起完备的制度，还要考虑如何将制度优势更好地转化为治理效能的问题。生态文明制度建设，就需要在培育制度意识、维护制度权威、提高制度执行力等方面下功夫。一是，在强化制度意识基础上，要明确坚持和完善生态文明制度体系的战略重点，正确处理制度、人、社会的关系，充分认识制度及其功能不以人的意志为转移的客观必然性。在实践中，不能超越制度为自己谋求制度之外的“超额”利益，不能合乎自己利益的制度就遵守，不合乎自己利益的制度就不遵守。二是，提高制度执行力，将制度优势转化为治理效能。从某种意义上讲，制度执行力是制度实践的“最后一公里”。将“中国之制”转化为“中国之治”，不仅要把好制度坚持好、巩固好，还要在不断完善和发展中把好制度运用好、执行好，切实提高制度执行力，这不仅是当代中国制度建设的重大现实课题，也是提升治理能力需要解决的关键问题。

本书首先界定生态文明制度概念，明确构建生态文明制度的重要性，并阐释生态文明制度建设的总价值目标。其次，在梳理中国生态文明制度建设思想的形成过程中，凝练中国生态文明制度建设思想不同时期的显著特征，进一步明确新时代坚持和完善生态文明制度体系的战略重点。最后，着力探索基于国家治理现代化视角完善中国生态文明制度建设的路径，获取有利于推动生态文明建设、实现高质量发展的启示，为解决当前中国面临的环境问题指明方向。

第一章　生态文明制度建设的理论体系及其必要性

制度建设可以看作人依据社会发展规律和自身发展的要求，对制度进行优化、创新的活动。它包括制度需求、制度批判、制度设计、制度建构、制度选择、制度安排、制度实践、制度评价等活动，是一种对现实的改造和理想性的建构。① 人类社会制度发展历程表明，不能把制度机械地理解为条文和规则的集成与组合。从内容和形态上看，制度是一个系统，制度的内涵是一个系统，外延同样是一个系统。把制度视为系统，研究制度结构，有助于避免把制度仅仅作为一些规则的组合进而导致对制度认识的偏差，也有助于避免由于这种认识偏差而在制度执行方面陷入误区。生态文明制度建设是生态文明建设的根本保障，通过构建系统完备的生态文明制度体系，制定出符合生态文明要求的规划方针、目标体系、考核办法、奖惩机制，指导生态文明建设实践，为生态文明建设提供规范、监督和约束。

第一节　生态文明制度的理论体系

对于生态文明制度的分析和研究，最基础的工作就是对其核心概念“制度”进行明晰的界定和阐释，以此作为理解生态文明制度体系这一问题展开的依据。制度作为一个跨学科的历史性范畴，需要从多学科视角理解，特别是要阐释基于马克思主义视域下对制度基本内涵的概括，进一步凝练构建生态文明制度理论体系的价值目标、组织结构、功能耦合，为中国生态文明制度体系的建立提供分

① 徐斌. 制度建设与人的自由全面发展［M］. 北京：人民出版社，2012：17.

析框架。

一、制度概念的阐释

制度是人类社会的特有现象。在人类社会产生之初的蒙昧时代，几乎完全是以弱肉强食为生存准则，并没有基本的规则来约束人类的行为。而随着生产力水平的提高，特别是分工的出现及剩余劳动产品的产生，人们之间利益分配不均衡现象逐渐产生，人们开始意识到，需要通过制定一种规则协调人们相互之间的利益及其行为，制度便应运而生了。伴随社会历史进程不断发展，人们越来越能感受到制度的价值与意义，也逐步意识到这种规则的建立对社会存在和人类发展的重要性。制度一方面推进了社会的进步，另一方面也促进了人的全面发展。尤其是进入现代社会以来，社会发展的复杂性，人的需要的多重性，人与人、人与社会之间关系的冲突与协调，特别是对各方利益的不均衡调和，也更加凸显了制度建设的不可或缺性。国内外学者分别从不同学科、不同范式对制度的概念进行研究。本章选取几个典型研究领域，从语义学、经济学和马克思主义视角分别梳理各学科对制度概念的研究特点，在此基础上界定本书关于生态文明制度的研究内涵。

（一）制度的语义学阐释

“制度”一词在我国最早源于《易经》，“节以制度，不伤财，不害理”。这里的“制度”即典章制度。在我国古代，“制度”一般指法令、规定、礼俗的总称。而在现代，依据《现代汉语词典》中的解释，制度被赋予了双重含义，即：第一，制度是指在一定历史阶段和条件下所形成的政治、经济、法律、文化等方面的体制和体系；第二，制度是指办事规章和程序规定。我国学者多数是从制度的这两个方面内涵对制度进行界定的。有学者也从政治学视角出发，将制度解释成人与人之间关系的某种“契约形式”或者“契约关系”，这种关系包括：其一，规则，或正式的规则；其二，习惯，或非正式的规则。另有学者从制度的表现形式来界定制度，认为制度是人们习以为常的管理，或者是规范化的行为方式，是人类适应环境的结果。综合国内外学者对制度的界定，本书主要从制度的内涵和外延对制度的语义学进行阐释。

首先，从内涵上说，制度是包括规则、对象、理念、载体等要素的系统。其中，规则是制度的具体内容，即通常意义上的制度。对象是指制度所覆盖的范围和所指向的目标，如政治制度的对象是政治领域的各种关系，经济制度的对象是经济领域的各种关系，等等。理念是制度规则所体现的价值判断与目标定位，不同理念引导下的制度会体现出不同性质。载体是制度的形式，有什么样的载体就有什么样的制度形式。以法律为载体，制度就表现为法律；以规章为载体，制度就表现为规章。从理论上讲，完整的制度系统是具有自我实现能力的，至少是具有自我实现可能性的。反之，如果制度指向对象不明确、没有制度价值引领，缺失制度实现的手段与途径，制度就会成为一纸空文。

其次，从制度外延来看，诸如经济制度、政治制度、文化制度、社会制度、军事制度、政党制度等，是社会大系统内涵下制度的具体表现形式。不同制度在制度系统中定位不同、层次不同，分为根本制度、基本制度、重要制度和各领域具体制度，这些根本制度、基本制度和重要制度构成现实社会中制度的基本形态。在中国共产党的领导下，以根本制度、基本制度和重要制度为格局的中国特色社会主义制度体系得以形成。不同层次、不同定位的制度，其功能和运行机理不同。根本制度是指那些反映中国特色社会主义制度本质内容和根本性特征、体现中国特色社会主义性质的规定性制度，是立国的根本。基本制度是指那些体现我国社会主义性质，框定国家基本形态、规范国家政治关系和经济关系的制度。重要制度是指那些由根本制度、基本制度派生的国家治理各领域各方面的主体性制度。一个社会的制度创新，主要是对根本制度以下的制度体制进行创新，以利于更好实现根本制度。

由此看来，在语义学视角下，制度是一种“规程”或“准则”，分解来看，“制度”中的“制”即为规制、限制，“度”即为限度、标准，二者合起来就是以规范的制约所达成的边界，是对一定对象行为的约束或限制，同时也是一种体系，是对人们在不同领域中彼此交往形成的社会关系的系统化的凝练。①

（二）制度经济学视角下的制度

如果说语义学下对制度内涵的梳理是对制度基本内容的界定，那么从经济学视角对制度概念的研究则更侧重于对制度本质的分析。有学者将制度理解为一种“规则”或“规范”。比如，舒尔茨将制度定义为“一种行为规则，这些规则涉及社会、政治及经济行为”②。另有学者将制度看成一种价值准则，如马克斯·韦伯认为，“其一，只有当行为（一般地和接近地）以可以标明的‘准则’为取向，我们才想把一种社会关系的意向内容称之为一种‘制度’；其二，只有当这种以那些准则为实际取向至少也（即在实际上具有重要性的程度上）因此而发生，因为它们在某一种程度上被看作对于行为是适用的、有约束力的或榜样的，我们才想说这个制度的适用”③ 是一种社会制约的方法。在他看来，制度是人们为了处理社会关系、维持社会秩序而形成的规范。对于制度的众多界定研究中，经济学视域下对制度的研究较具代表性。

制度经济学家凡勃伦指出：“制度实质上就是个人或社会对有关的某些关系或某些作用的一般思想习惯；而生活方式所构成的是在某一时期或社会发展的某一阶段通行的制度的综合，因此从心理学方面来说，可以概括地把它说成是一种流行的精神态度或一种流行的生活理论。”④ 在这里，凡勃伦把非正式的规则作为制度的一种形式。康芒斯在其《制度经济学》中把制度解释为集体行动控制个体行动。这种集体中控制个体行动的手段，在他看来就是各种“规则”。因此，康芒斯认为，“制度就是集体行动控制个体行动的一系列行为准则或规则”⑤。

随后的新制度经济学者进一步将思想文化纳入制度的范畴。曾因制度经济理论而获得诺贝尔经济学奖的道格拉斯·诺斯是新制度

① 徐斌. 制度建设与人的自由全面发展 [M]. 北京：人民出版社，2012：25.

② R·科斯，A·阿尔钦，D·诺斯. 财产权利与制度变迁：产权学派与新制度学派译文集 [M]. 北京：生活·读书·新知三联书店，上海：上海人民出版社，1994：253.

③ 马克斯·韦伯. 经济与社会：上卷 [M]. 北京：商务印书馆，1997：62.

④ 凡勃伦. 有闲阶级论 [M]. 北京：商务印书馆，1964：139.

⑤ 康芒斯. 制度经济学 [M]. 于树生，译. 北京：商务印书馆，1962：87.

经济学派的代表人物。诺斯将制度理解为一种规范人的行为的规则，他说："制度是一系列被制定出来的规则、守法程序和行为的道德伦理规范，它旨在约束主体福利或效用最大化利益的个人行为。在政治或经济制度中，福利或效用通过占有由专业化（包括暴力的专业化）产生的商业收益而达到最大化。"[①] 简单说，"制度是一个社会的博弈规则，更规范地说，它们是一些人为设计的、形塑人们互动关系的约束。"[②] 诺斯还进一步指出了制度包括正规约束（如法律和规章）和非正规约束（如习惯、行为规范、伦理规范），制度分为制度环境和制度安排。[③] 可以说，诺斯对制度的概括较为全面，不仅将制度的特征和功能都清晰地概括出来，也进一步将制度划分为正式制度和非正式制度。

此外，也有学者基于其他视角对制度概念加以研究，此类学者对制度的定义则更为宽泛，将"制度"一词赋予了政治和文化的属性。美国政治哲学家约翰·罗尔斯认为，"把制度理解为一种公开的规范体系，这一体系确定职务和地位及它们的权利、义务、权力、豁免，等等。这些规范指定某些行为类型为能允许的，另一些则为被禁止的，并在违反出现时，给出某些惩罚和保护措施。"[④] 从他的论述中我们可以看到，他所理解的制度不仅是一种可能的行为形式，这种制度还是能够在某些时间地点，在某些人的思想和行为中实现的。塞缪尔·亨廷顿把制度理解为一种模式，认为制度给人民提供了一种行为标准或行为准则。他指出，所谓制度，是指稳定的、受到珍重的和周期性发生的行为模式[⑤]。

（三）马克思主义视域下的制度内涵

制度在马克思那里，包含着作为生产关系的经济制度和作为上

① 道格拉斯. C. 诺斯. 经济史中的结构与变迁［M］. 陈郁，译. 上海：上海人民出版社，1994：225-226.

② 道格拉斯. C. 诺斯. 制度、制度变迁与经济绩效［M］. 杭行，译注. 上海：上海人民出版社，2008：3.

③ 靳利华. 生态文明视域下的制度路径研究［M］. 北京：社会科学文献出版社，2014：20.

④ 罗尔斯. 正义论［M］. 何怀宏，等译. 北京：中国社会科学出版社，1988：54.

⑤ 亨廷顿. 变化社会中的政治秩序［M］. 王冠华，等译. 北京：生活·读书·新知三联书店，1989：12.

层建筑的与经济制度相适应的政治、法律等制度体系两个层面。马克思明确地将生产关系总和定义为经济基础或社会经济基础，并将立足于其上的法律的、政治的及意识形态的上层建筑视为真正的社会制度。[①] 与其他学派思想家定义制度的经济学、政治学等视角不同，马克思对制度内涵的揭示更全面、更深刻，是将制度置于历史唯物主义视域下，在人类生存和发展的历史中阐释制度。

首先，马克思明确了研究制度的基本范畴。人类的生产实践产生了人们之间的交往，而人们之间的相互交往必然产生一定的社会关系，这种对于各种社会关系的规范和制度化就产生了制度。也就是说，制度体现了人与人之间的社会经济关系，表现为各种规则的伦理道德、法律制度、意识形态等属于上层建筑的范畴，是一种思想意志关系，其实质是生产关系的产物。生产关系是指人们在社会生产中形成的社会关系的总和，它是一系列规定人们对生产资料的占有、使用、分配的制度安排，因此，生产关系属于制度范畴。马克思指出："在不同的占有形式上，在社会生存条件上，耸立着由各种不同的、表现独特的情感、幻想、思想方式和人生观构成的整个上层建筑。整个阶级在它的物质条件和相应的社会关系的基础上创造和构成这一切。"[②]

制度形成后本身就成为社会生产不可缺少的组成部分。因为孤立的个人是无法进行社会生产活动的，人们的生产活动总是在一定的制度规范下进行的。这样，人类的生产活动必然涉及两方面的关系：一方面是人与自然的关系，另一方面是人与人之间的关系。在人类的生产活动本身包含的人与自然和人与人这两方面的关系中，人与人之间的关系就是通过一定的经济制度来体现的[③]。因此，一个历史阶段的政治、经济和文化制度是由这个阶段的生产关系决定的，也是这个阶段生产关系的最集中表现形式。马克思是站在唯物辩证法的高度上，更注重揭示制度的内容和本质，体现出制度形式和内

---

① 汪宗田. 马克思主义制度经济理论研究［M］. 北京：人民出版社，2014：8.

② 马克思，恩格斯. 马克思恩格斯选集：第1卷［M］. 中共中央马克思恩格斯列宁斯大林著作编译局，编译. 北京：人民出版社，1995：611.

③ 顾钰民. 马克思《资本论》中制度经济思想研究［J］. 贵州师范大学学报（社会科学版），2012（4）：88-89.

容的辩证统一。[1]

其次，马克思将制度看作动态演进的历史过程，而非一成不变的概念范畴。马克思指出，古典经济理论的错误就在于“把资本主义制度不看作是历史上过渡的发展阶段，而是看作社会生产的绝对的最后的形式”[2]。生产力决定生产关系，生产关系要适应生产力的发展；生产力是最革命和最活跃的因素，它始终处在不断的发展变化之中，而生产关系相对较为稳定，只有生产力和生产关系的矛盾积累到一定程度，它才会发生变革。在生产力和生产关系、经济基础和上层建筑对立统一的矛盾运动下，人类的经济制度、政治制度、法律制度等都处在不断的发展变化中。对长期的制度变迁的动力及过程的分析正是马克思历史唯物主义所要探讨的问题[3]。当资本主义生产关系不能再适应生产力的发展时，剧烈的社会革命必将用先进的社会主义制度来取代已经落后的资本主义制度。[4] 因此，正如马克思所言：“按照我们的观点，一切历史冲突都根源于生产力和交往形式之间的矛盾。”[5] 也就是说，交往形式的变化就是制度的变化，而交往形式的变化则依赖于生产力的变化。随着交往的普遍化，历史成为世界历史，制度也逐渐展现了其世界范围的巨大影响力。

总之，我们可以这样理解制度，制度是一种规范体系，是人们在一定历史条件下的社会活动中结成的生产关系、政治关系、经济关系、文化关系等社会关系的体系化、规范化，是社会运行的规则。制度也可以被看成为了达到特定目的而设立的系统，这个系统是由一系列原则、规则、程序所组成的。它们之间存在着有机联系，缺一不可，构成一个制度体系。适当而完备的制度，是人类社会稳定发展的基本保障。通过制度的制定，建立起社会秩序，并在社会发展中不断改进制度，人类逐步走向文明。

---

① 陈文新，王君丽. 对马克思制度理论的新解读［J］. 重庆社会科学，2005（5）：5-6.

② 马克思. 资本论：第1卷［M］. 北京：人民出版社，1975：16.

③ 卢现祥. 论马克思的制度分析［J］. 中南财经政法大学学报，2007（5）：4.

④ 陈文新. 马克思的制度分析理论初探［J］. 求实，2005（2）：5.

⑤ 马克思，恩格斯. 马克思恩格斯文集：第1卷［M］. 中共中央马克思恩格斯列宁斯大林著作编译局，编译. 北京：人民出版社，2009：567.

二、生态文明制度的基本内涵

对于制度的概念阐释是一项基础性工作，我们还需要对生态文明制度的基本内涵进行分析，这是深入理解中国生态文明制度建设思想的必要研究。

关于生态文明制度的内涵，国内一些学者从不同视角出发，给出了不同的界定。沈满洪认为，生态文明制度就是关于推进生态文明建设的行为规则，是关于推进生态文化建设、生态产业发展、生态消费行为、生态环境保护、生态资源开发、生态科技创新等一系列制度的总称。他把生态文明制度分为以下几个层次：正式制度（环境法律、规章和政策等）和非正式制度（环境方面的意识、观念、风俗、习惯和伦理等）；既有的有效制度的继承和因时因势的制度创新；单一制度的建设和整个制度体系的构建等①。夏光认为，生态文明制度是指在全社会制定或形成的一切有利于支持、推动和保障生态文明建设的各种引导性、规范性和约束性规定与准则的总和，他也把制度分为法律、规章和条例层面的正式制度，以及伦理、道德和习俗层面的非正式制度②。王丽娟则认为，凡是有利于支持、推动和保障生态文明建设的各项引导性、规范性和约束性的规定与准则，都可以称为生态文明制度。③

综合学术界当前研究成果看，学者们逐步对依靠制度、依靠法治保护生态环境达成广泛共识，并认为生态文明制度不是单一制度框架的堆砌，而是由若干制度要素有机结合构成的系统的制度体系。结合当前研究，可以这样理解生态文明制度，它是指在全社会制定或形成的一切有利于支持、推动和保障生态文明建设的各种引导性、规范性和约束性规定和准则的总和。其表现形式有正式制度（原则、法律、规章、条例等）和非正式制度（伦理、道德、习俗、惯例等）。这样看来，生态文明制度是通过“硬”“软”两种方式对人们

---

① 沈满洪. 生态文明制度的构建和优化选择［J］. 环境经济，2012（12）：18-19.

② 夏光. 生态文明与制度创新［J］. 理论视野，2013（1）：15.

③ 王丽娟. 生态文明必须依托制度建设［N］. 南方日报，2013-02-04（F02）.

在生态文明方面的行为进行调节，以实现建设生态文明的目标。事实上，凡是有利于支持、推动和保障生态文明建设的各项引导性、规范性和约束性的规定和准则，都可以称为生态文明制度。狭义上的生态文明制度更具有确定性、稳定性特点，一般指正式的规则及其制度等，广义的生态文明制度则具有长期性、战略性特点，具体是指完成生态文明建设的目标、框架及其实践途径等，是生态文明制度建设的终极目标。无论是从狭义抑或广义界定的生态文明制度，都体现了人与自然和谐相处的生态文明建设的核心要求，是一定时期生态环境保护内容的彰显，也是环境保护制度建设的成果体现。

从制度构成要素看，生态文明制度可以分为正式制度和非正式制度。生态文明的正式制度具有强制性，主要包括生态文明的政策、保障生态文明建设的法律法规等；生态文明的非正式制度具有非强制性和自发性，主要包括生态理念、生态文化和生态道德等。① 从制度的种类看，可以将生态文明制度的基本内涵概括为引导性的生态文明制度、强制性的生态文明制度和保障性的生态文明制度。

（一）引导性的生态文明制度

在生态文明制度建设中，政策上的正确引导是生态文明制度建设的软性规定，使生态文明实践固化，具有长期的稳定性，能发挥持久的推动力，亦可直接影响到社会主义生态文明建设的成败。“生态文明是人民群众共同参与共同建设共同享有的事业，要把建设美丽中国转化为全体人民自觉行动”②。发挥制度建设的“红利”价值，不仅需要建立相应的法律法规、政策条例等刚性的正式制度，也需要通过道德文化建设，形成社会风尚、伦理道德等软约束，激发人们对环境保护的集体认同感，建立一种“自律”机制，包括宣传教育、生态意识、合理消费、良好风气等，例如：生态道德教育制度、生态意识培育制度等。引导性的制度建构的目的是在全社会建立起环境保护的自律体系，形成持久的环境保护意识，使环境保护理念深入人心，切实增强环境保护的软实力。

---

① 这部分内容在下文中进行重点阐释，本章主要从制度的类别界定制度的内涵。

② 习近平. 推动我国生态文明建设迈上新台阶［J］. 求是，2019（3）：12.

（二）强制性的生态文明制度

生态文明建设要有系统的纲领性的制度安排，以此为生态文明制度建设提供根本方针。从当前发展的现实情况看，2020 年是实现全面建成小康社会的收官之年。全面建成小康社会的“全面”要求树立尊重自然、顺应自然、保护自然的生态文明理念，软性政策虽然能在行为上引导社会主体建立生态文明的生活方式，但不具有法律的约束与强制效果，只有通过加强强制性的制度建设才能对社会主体的行为形成约束，更好地发挥制度的效能。例如：环境法律制度、国土自然资源产权制度、自然资源资产产权制度等。应加快形成完备的生态文明建设的立法体系，为生态文明制度建设提供必要的法律支撑。做好涉及环境保护等方面的生态立法工作，加快形成保障生态文明建设的制度和法规体系。建立和完善有关环境保护的相关法治制度，其目的是以法律的约束性保障资源、环境的可持续发展。通过外在的“他律”手段，达到“因人人受制约而人人皆自由”的理想境界。

（三）保障性的生态文明制度

生态文明制度建设不仅要有强制完备的制度体系作后盾，更要有相对完备的执行、管理等保障性制度。例如：生态管理制度、生态有偿使用、生态赔偿补偿、市场交易、执法监管制度，等等。体系固然需要完备，如若不加强治理能力建设，提高现代化治理能力，制度体系建设只能是乌托邦，无法成为现实。在环境保护过程中，加快完善科学的决策机制：一方面，建立完备的环境保护制度体系；另一方面，将治理体系转化为治理能力，提升环境治理效能。

综上所述，依据生态文明制度的实践主体，可将中国生态文明制度体系概括为三大类型：第一类是政府监管性的法律制度，主要通过政府主导进行监管来达到保护自然和生态的目标。如：国土空间开发保护制度、耕地保护制度、水资源管理制度、环境保护制度等。第二类是以市场主体交易的形式来实施的经济制度，鼓励市场主体通过交易活动来达到保护自然和生态的目标。如：碳排放权、排污权、水权交易等制度。第三类是救济性的保障制度，是通过事后救济和赔偿维护各个主体的合法权益来达到保护自然和生态的目标，这类制度以行政责任追究和损害赔偿的形式来实施。如：生态环境保护责任追究制度、环境损害赔偿制度等。这三类制度分别从实施部门、参与主体和补救方式等方面为我国生态文明制度建设的具体实践提供了方向，构成了中国生态文明制度建设思想的理论体系。

根据我国当前生态文明制度建设的实际，习近平总书记强调要加快三方面制度体系建设。一是要完善经济社会发展考核评价体系。科学的考核评价体系犹如“指挥棒”，在生态文明制度建设中是最重要的。要把资源消耗、环境损害、生态效益等体现生态文明建设状况的指标纳入经济社会发展评价体系，建立体现生态文明要求的目标体系、考核办法、奖惩机制，使之成为推进生态文明建设的重要导向和约束。要把生态环境放在经济社会发展评价体系的突出位置，如果生态环境指标很差，一个地方一个部门的表面成绩再好看也不行。二是要建立责任追究制度。资源环境是公共产品，对其造成损害和破坏必须追究责任。对那些不顾生态环境盲目决策、导致严重后果的领导干部，必须追究其责任，而且应该终身追究。不能把一个地方环境搞得一塌糊涂，然后走人，官还照当，不负任何责任。要对领导干部实行自然资源资产离任审计，建立生态环境损害责任终身追究制。三是要建立健全资源生态环境管理制度。健全自然资源资产产权制度和用途管制制度，加快建立国土空间开发保护制度，健全能源、水、土地节约集约使用制度，强化水、大气、土壤等污染防治制度，建立反映市场供求和资源稀缺程度、体现生态价值和代际补偿的资源有偿使用制度和生态补偿制度，健全环境损害赔偿制度，强化制度约束作用。加强生态文明宣传教育，增强全民节约意识、环保意识、生态意识，营造爱护生态环境的良好风气。①

三、构建生态文明制度的理论体系

我们在探讨了制度、生态文明制度的基本概念后，如何构建生

① 中共中央党校马克思主义学院，中国马克思主义研究基金会．马克思主义中国化的新进展［M］．北京：人民出版社，2017：83-84.

态文明制度的理论体系是一个需要进一步研究的更深层次的问题。党的十八大以来，以习近平同志为核心的党中央高度重视并大力推进生态文明建设，生态文明体制改革实现重大突破，基本建立起生态文明体制改革的“四梁八柱”，忽视生态环境保护的状况得到明显改变。新时代的环境问题呈现出复杂性和多样性，因此应运用系统思维构建生态文明制度体系。深入研究生态文明制度的价值目标、组织结构、功能耦合，把握生态文明制度建设规律，对于推动各方面制度更加成熟更加定型、把我国生态文明制度优势更好地转化为环境治理效能具有重要意义。

（一）生态文明制度的价值目标

人是制度建设的主体，也是国家和社会治理的主体。制度由人来制定和执行，同时反映人的价值意愿与价值理想。任何制度体系的确立都需要以一定的价值目标为引领，包含着主体的价值理念，彰显着主体的价值取向。制度的价值目标是制度的灵魂，决定制度建设的性质和方向。

习近平总书记指出，“带领人民创造幸福生活，是我们党始终不渝的奋斗目标。我们要顺应人民群众对美好生活的向往。”① 坚持以人民为中心的发展思想，维护人民的主体地位和根本利益，这是中国共产党和以往一些剥削阶级政党的本质不同之处。只有始终坚持以人民为中心的价值取向，自觉站在人民的立场，通过建立、健全、完善中国特色社会主义的各项制度，才能真正维护人民的主体地位和人民的根本利益。

新时代，我国社会主要矛盾发生变化，从需求端看，今天人民的需要已经不再是改革开放之初的“物质文化”，人民更需要多样化，需要“美好生活”。从供给端看，生产力水平迅速提升，制约当前发展已经不再是“落后的社会生产”，而主要是发展不平衡不充分的问题。因此，生态文明制度建设的价值目标应立足于维护人民的利益、呼应人民群众的需要，即满足人民对优美生态环境的需要。一方面，要认识到“保护环境就是保护生产力”②，立足于“生态”

---

① 习近平．习近平谈治国理政：第二卷［M］．北京：外文出版社，2017：40.

② 同①：209.

生产力的高质量发展，着力解决好发展不平衡不充分问题，提升发展的质量和效益，提供更为优质更为公平的公共生态产品，增强民众的生态获得感；另一方面，要明确“绿水青山就是金山银山”①，改革与社会主义生态文明建设不相适应的体制机制和发展理念，突出生态保护与经济社会协调发展，提升生态环境领域治理能力，更好地满足人民对于优美生态环境的需要。

生态文明制度建设的价值目标不仅是“为了人民”，更是“依靠人民”。党的十八大以来，习近平在论述生态文明建设等问题时，多次强调要发挥人民群众在保护生态环境中的主体作用，紧紧依靠人民群众建设美丽中国。坚持和完善生态文明制度体系，不仅需要在习近平生态文明思想的指引下，坚持以人民为中心，更需要充分调动人民的积极性，让人民群众成为环境保护的监督力量。只有广大人民群众树立生态文明意识，具备建设生态文明制度的强烈责任感，才能牢固奠定生态文明制度建设的群众基础，打赢污染防治攻坚的人民战争。凝聚起全社会参与生态文明建设的最大合力，核心是推动形成绿色生活方式和消费模式。

（二）生态文明制度的组织结构

制度是一个复杂系统，具有多个层次和多重治理架构，按照一定的目标和程序运行。从形成过程看，制度是人类在长期生产生活和社会实践中不断建立和发展起来的。从发展规律看，制度的组织结构与国家的历史传承、文化传统、经济社会发展水平密切相关。一般来讲，社会越发达进步，社会化程度越高，制度的组织结构就越趋向成熟、功能就越齐备、运行就越有序。

习近平总书记指出，“我国生态环境保护中存在的突出问题大多同体制不健全、制度不严格、法治不严密、执行不到位、惩处不得力有关。”② 建立健全生态文明制度体系有助于破解当前制约经济发展的资源环境约束问题。只有通过构建完备的生态文明制度体系，提升现代化的环境治理能力，才能在 2035 年实现美丽中国的建设目

---

① 习近平. 习近平谈治国理政：第二卷［M］. 北京：外文出版社，2017：209.

② 全国干部培训教材编审指导委员会. 推进生态文明，建设美丽中国［M］. 北京：人民出版社，党建读物出版社，2019：187.

标。生态文明制度的形成和发展，既承接历史，又是源于不同时期党和人民认识解决环境问题的探索与总结，其制度组织也随着时代变迁不断丰富完善。制度创新也是优化制度组织结构的有效方式。通过创新生态文明制度体系，完善生态文明建设的制度配套，实现制度组织结构的系统化、科学化，不断提升制度优势和治理效能。

从制度的组织结构看，党的十九届四中全会对建立和完善生态文明制度体系，促进人与自然和谐共生作出安排部署，从实行最严格的生态环境保护制度、全面建立资源高效利用制度、健全生态保护和修复制度、严明生态环境保护责任制度等四个方面，明确生态文明建设最需要坚持和落实的基本制度、最需要建立和完善的重要制度。生态文明建设的根本制度是指反映中国特色社会主义生态文明建设本质和根本性质特征，体现国家意志和国家发展战略的根本制度，是落实生态文明建设的根本。例如，健全自然资源产权制度、建立健全国土空间规划和用途统筹协调管控制度，建立全国统一、权责清晰、科学高效的国土空间规划体系，落实中央生态环境保护督察制度等。生态文明建设的基本制度是指那些体现社会主义性质，规定社会主义生态文明建设方向，规范经济生产和环境保护关系的制度。例如，完善绿色生产和消费的法律制度和政策导向，发展绿色金融，推进市场导向的绿色技术创新，推动绿色低碳循环发展，完善生态环境治理体系，完善绿色产业发展支持政策，完善市场化机制及配套政策，完善能耗、水耗、地耗、污染物排放、环境质量等方面标准等。生态文明建设的重要制度是指由根本制度和基本制度派生出的生态环境各领域各方面的环境保护制度。例如，健全生态保护和修复制度，构建以国家公园为主体的自然保护地体系，严明生态环境保护责任制度，健全生态环境监测和评价制度等。生态文明建设的根本制度、基本制度和重要制度有效衔接，构成严密完整的生态文明制度体系，为我们加快健全以生态环境治理体系和治理能力现代化为保障的生态文明制度体系提供了行动指南和根本遵循。生态文明建设的基本制度和重要制度有效衔接，构成严密完整的生态文明制度体系，为我们加快实现生态环境领域的现代化治理提供行动制度保障和根本遵循。

（三）生态文明制度的功能耦合

制度的生命力在于执行。制度执行和落实的过程，也是制度功能得以发挥、产生效果的过程。制度功能一方面指制度执行所带来的效用，另一方面指制度系统内部各子系统相互作用产生的影响。制度功能转化为治理效能，主要表现在制度的内在规范性外化为治理能力的过程。在这一过程中，制度的功能耦合发挥着重要作用。

从系统论的角度看，制度功能的发挥效果主要取决于其耦合的程度，即各项制度设计是否兼容互补、制度运行过程是否统一协调。制度的功能耦合程度直接关系到制度是否具有优越性，以及能否实现这一优越性。健全合理的制度不仅表现在决策层面，制度的规范性和治理体系的价值取向相统一，更体现在执行层面，制度的引导性和治理体系的执行性相一致。由于生态文明制度体系是由不同领域的具体制度组成，涉及资源领域制度体系、生态保护制度体系、责任监管保障体系等，同时生态文明制度体系作为国家制度体系的有机组成，只有融入国家治理体系的各方面和全过程，才能真正实现统筹推进与协调发展。因此，生态文明制度耦合的关键是既要将各领域制度有效衔接，又要处理好生态文明制度同国家的经济、政治、文化、社会等制度的关系。

习近平总书记指出，“要强化制度执行力，加强制度执行的监督，切实把我国的制度优势转化为治理效能。”[①] 制度优势的发挥离不开治理能力，治理能力的有效发挥又依赖于完备的制度体系。具体到生态治理中，不仅要把严格执行生态文明制度摆在突出位置，坚决维护制度的严肃性和权威性，更要提升生态环境治理能力，确保各项制度和政策的执行。一是健全制度执行机制，明确制度执行的主体责任、监督责任、领导责任；二是开展中央生态环境保护督查，明确生态环境保护的两级督察体制、三种督察方式；三是建立责任追究制度，坚持党政同责、有责必问、问责必严，让生态文明制度成为刚性约束和不可触碰的高压线，保证党中央关于生态文明建设和生态环境决策部署落地生根。

---

① 本书编写组.《中共中央关于坚持和完善中国特色社会主义制度、推进国家治理体系和治理能力现代化若干重大问题的决定》辅导读本［M］. 北京：人民出版社，2019：79.

综上所述，构建生态文明制度理论体系的总体思路可以概括为：在党的统一领导下，从系统角度、全局视野出发，遵循我国生态文明制度建设的价值目标，一方面，以优化制度的组织结构为推动力，完善生态文明制度体系，解决体制机制不健全、法律法规不严密等问题；另一方面，洞悉制度功能耦合的内在机理，综合运用行政、市场、法治、科技等多种手段，推动多元主体共同参与环境治理，全面提升环境治理现代化水平，把制度优势更好转化为治理效能，推动和促进生态文明建设和生态环境保护取得更大成就，为建成美丽中国奠定坚实基础。

第二节　生态文明制度建设的必要性

党的十八大报告指出“保护生态环境必须依靠制度”，进一步凸显生态文明制度建设的重要地位。生态文明制度建设是生态文明建设的制度保障，一方面，通过制度建设，制定完备的环境保护法律法规，形成完善的环境保护法律体系，对破坏生态环境的行为严惩不贷，实施最严格的制度约束。另一方面，也要增强全民生态文明素养，培育全体人民的生态意识，树立人与自然和谐相处的生态理念。

一、生态文明制度是推进生态文明建设的重要突破口

党的十八大后，我国生态文明建设进入战略发展的重要机遇期，推进生态文明建设必须要有一个抓手即突破口。我们之前的生态文明建设实践工作取得了显著成效，但制度建设没有相应地完善起来。环境问题的解决不可能是“自发”的，必须依靠政治上层建筑。只有通过有效的制度规范，才能解决好生态文明建设中各方的复杂关系，保障生态文明建设的科学方向。未来要继续推进生态文明建设就必须以制度为突破口，重视生态文明制度建设，使生态文明建设的各项工作都有章可循、有法可依。

（一）运用制度规范企业经济行为

经济社会发展进程中产生的严峻的环境问题是中国生态文明制度建设的实践逻辑。当前我国资源和生态环境面临的形势十分严峻，国土空间过度开发、资源约束趋紧、环境污染严重、生态系统退化。这既有自然的、历史的原因，但更多的是近几十年快速发展和大规模开发带来的，而体制不合理、机制不健全则是其更深层次的原因。通过制度建设规范企业的经济行为，是保证经济发展与资源环境承载力相适应的突破口。

在我国经济社会发展实践中，长期以来存在着重经济轻环保的现象，经济发展方式相对粗放，很多地方经济的发展依靠高投入、高消耗，以牺牲资源环境为代价，经济发展与环境保护一直都是“两张皮”，经济部门与环保部门相互合作与制约机制不强。在经济社会发展决策过程中不能有效地对环境政策加以设计、执行和实施，这就无法从根本上解决重经济发展轻环境保护的矛盾，不恰当的经济政策引发了许多环境问题。[①] 在市场经济条件下，企业为了追逐更大利润、个人为了追求更加享受的生活，有时往往不顾资源环境的承载能力而过度利用自然资源，破坏了环境。制度确立就为企业的生产行为指明了方向，使企业在生产之前先考虑哪些经济活动是被允许的，哪些是不被允许的，从而在很大程度上降低了损坏资源环境的可能。政府通过制定生态环境保护政策，以环境保护为核心推动经济发展方式转变，推进传统企业转型升级，加快环境节能产业等新型产业发展，进而实现环境效益与经济效益的统一。

（二）制度体系建设助推治理效能提升

制度的内容是通过法律法规、组织安排和政策等外在形式表现出来。生态文明建设不仅需要树立保护生态环境的理念，更重要的是把理念落实于具体的行动之中。制度体系的建立与完善是理念转换为实践的动力，也是将生态文明制度优势转化成环境治理效能的前提。

首先，通过制度建设可以提升领导干部处理环境保护问题的决

① 侯惠勤，等. 十八届三中全会精神十八讲［M］. 北京：人民出版社，2014：228.

策能力，提升政府的环境治理效能。生态环境保护能否落到实处，关键在领导干部。客观地说，一些重大生态环境事件背后，都有领导干部不负责任、不作为的问题，都有一些地方环保意识不强、履职不到位、执行不严格的问题，都有环保有关部门执法监督作用发挥不到位、强制力不够的问题。因此，要严格落实领导干部生态文明建设责任制，严格考核问责。对那些不顾生态环境盲目决策、造成严重后果的人，必须追究其责任，而且应该终身追责。尽管中共中央相继出台《党政领导干部生态环境损害责任追究办法（试行）》《生态文明建设目标评价考核办法》等文件作为党政领导干部综合考核评价、干部奖惩任免的重要依据，但部分领导干部仍未从唯 GDP 的思想桎梏中解放出来，不少领导干部还没有充分认识到生态文明建设的重要性和紧迫性，对其内涵和本质缺乏深入的思考。为此，应通过制度建设，严明生态环境保护责任制度，建立生态政绩考核制度，实行生态环境损害责任追究制。

其次，强化制度建设，可以助推生态文明领域国家治理体系和治理能力现代化。生态文明制度建设是实现国家治理体系和治理能力现代化的必然要求。加强生态文明制度建设就是要运用现代法治思维和法治方式，全面推进法制生态化，把生态文明建设方面比较成熟的经验政策化、制度化、标准化，通过建立与国家治理体系相配套的生态文明制度体系，提高环境治理效能。① 当前，生态文明建设从“理念”和“政策”层面，正在深入到“具体操作”层面。以前诸多生态环境问题难以根治，一个重要原因就在于生态文明建设缺乏制度化的量化标准，缺少精准有力的考评和追责体系。针对此困境，党中央提出，要以资源环境生态红线管控、自然资源产权和用途管制、自然资源资产负债表、自然资源资产离任审计、生态环境损害赔偿和责任追究、生态补偿等重大制度为突破口，深化生态文明体制改革。只有实行最严格的制度、最严密的法治，才能遏制种种基于利益冲动对环境生态的破坏，为生态文明建设提供可靠保证。要加快建立绿色国民经济核算体系，推进绿色考核。要严格责任追究，对违背科学发展要求、造成资源环境生态严重破坏的，对

① 陈宗兴.“十三五”：以生态文明促进绿色发展［J］. 社会治理，2016（2）：20.

推动生态文明建设工作不力的，对不顾资源和生态环境盲目决策、造成严重后果的，对履职不力、监管不严、失职渎职的，都要依纪依法追究主管领导和相关人员责任。要通过制度创新不断完善环境治理体系，增强环境保护法律、制度的统一性、整体性和协调性，不断提升环境治理效能。

最后，制度建设是提升公众环保观念的重要举措。我国环境容量有限，且十分脆弱，全面建成小康社会宏伟目标的底色是“绿色”，这就要求全社会必须树立尊重自然、顺应自然、保护自然的生态文明理念，推进制度建设，建立长效机制。但目前人们的观念相对滞后，不仅一些领导干部还没从唯 GDP 的思想桎梏中跳出来，不少领导干部还没有充分认识到生态文明建设的重要性和紧迫性，对其内涵和本质缺乏深入的思考，而且公众的生态意识还很欠缺。社会上过度消费、高碳出行甚至破坏环境等行为还在一定范围内流行，如捕食野生动物、偷排污水废物、市民生活垃圾不分类乱堆放等行为还时有发生。生态文明制度建设有助于提升人们的环保观念，化解人们观念落后与社会可持续发展理念之间的矛盾。

综上所述，用系统的制度保护生态环境是生态文明建设的基本战略，也是中国生态文明制度体系建设内容的核心。实现生态文明建设的目标之一，是生态治理和保护体制机制等重要制度建设获得关键性的进展，实现环境治理体系和治理能力现代化。一方面，生态文明制度具有强制执行性，可有效地规范和约束人们的利益追求和社会交往的非理性行为，把人们的利益矛盾和冲突控制在一定范围内，并整合因利益分化而出现的各种社会分散力量。通过具有强制性的生态文明制度的建立，能够约束企业行为，减少企业或个人因为追求经济利益而破坏环境的不当经济行为，减少对环境的破坏性。与此同时，具有保护环境共同目标的组织团体，也正是在合理制度基础上成为利益共同体，助推环境保护工作。另一方面，制度是人们的行为准则，它具有相对稳定性和连续性。生态文明制度一经建立后，在一段时期内呈现稳定性，能更好地将制度优势转化为治理效能，保障生态文明建设各项工作的稳步推进与连续发展。但制度的稳定性并非意味着制度是一成不变的，恰恰相反，生态文明制度是随着环境保护实践的深入不断丰富和完善，又具有一定的动态衍生性特点。

二、生态文明制度是中国特色社会主义制度的题中应有之义

中国特色社会主义制度是在我国社会主义建设的历史过程中、在与现实的互动中逐渐探索、完善、定型的，而生态文明制度正是在推进中国特色社会主义事业进程中、与现实的生态环境问题长期博弈中逐步形成、确立的。考虑到我国正处于并将长期处于社会主义初级阶段的基本国情，1992 年邓小平在南方谈话中指出："恐怕再有三十年的时间，我们才会在各方面形成一整套更加成熟、更加定型的制度。"① 因此，生态文明制度作为生态文明领域的中国特色社会主义制度，也需要加快系统化建设步伐，尽快形成系统完备的制度体系，促进中国特色社会主义制度定型化。②

（一）社会主义是与生态文明相对应的社会形态

社会主义社会作为根本对立并超越资本主义的更高级的社会形态，根本立足于历史唯物主义所揭示的社会发展必然趋势。资本主义与生态系统有着不可调和的矛盾，它自身的运行和发展违背了生态文明的最终旨趣，是生态危机爆发的制度根源，这从反面证实生态文明只能是社会主义的，生态文明是社会主义题中之义。社会主义作为比资本主义更高级的社会形态，有其无可超越的优越性，但不能否认的是社会主义社会也会存在环境问题，并且在现实的社会主义国家中，有些方面还相当严重。由于掠夺式开发和使用自然资源，忽视对生态保护和环境治理，前苏联和我国都出现了诸如空气污染、土地荒漠化、水资源污染、海洋污染等较严重的生态环境问题。虽然社会主义国家也存在着环境问题，但问题的根源并不在于社会制度，而在于社会主义国家长期以来对环境问题重视不够，认识不深刻，而且这些国家大多都是发展中国家，生产力发展水平普

---

① 邓小平. 邓小平文选：第三卷. [M]. 人民出版社，1993：372.

② 肖贵清，武传鹏. 国家治理视域中的生态文明制度建设——论十八大以来习近平生态文明制度建设思想 [J]. 东岳论丛，2017，38 (07)：7.

遍较低。正是由于社会主义国家还存在着环境问题，甚至在有些方面还很严重，因此，更应该注重生态文明建设，真正实现社会主义与生态文明的统一，走向社会主义生态文明新时代。人类走向社会主义生态文明新时代也是人对人类文明的发展规律的自觉认识和把握以及人类文明演化逻辑的必然要求。从人类文明的演化逻辑来看，虽然我们根据人类文明在不同时期的特质将文明划分为不同的类型或者阶段，但整体来看人类文明的发展演化是一个有机统一的过程，虽有转折并没有断裂。通过人类文明发展的历史进程，我们可以发现，生态文明有一个从萌芽到发育、成长的过程，这表明，生态文明实际上是人类文明发展的一种必然结果。虽然在以往的文明阶段，生态文明并没有显性的内涵或形式，但是它已经在以往的文明母体中悄悄地孕育着。①

社会主义生态文明既是人类文明发展所追求的最高形态的理想境界，又是人类文明的生态变革、绿色创新与全面生态化转型发展的具体实践，是理想与现实有机统一的历史生成过程。这种统一性在中国语境下，主要表现为建设生态文明和生态文明建设的有机统一。从这个意义上说，“由中国共产党执政与领导的‘生态文明建设’自然是一种社会主义生态文明”②。

与资本主义相比，社会主义的根本特征与建立生态文明的根本要求相一致，为生态文明建设提供了有力支持。社会主义建设生态文明有一些有利条件，不仅在生产力的发展上，更在实现公平正义、共同富裕、社会和谐、可持续发展以及推进人的全面发展等方面体现了无可比拟的优越性。

社会主义公有制符合生态文明建设的要求。生态危机的经济根源在于私有财产权力在人与人之间制造出来的竞争和对抗。人类的生态文明之路，必须有人与人、人与社会和谐的社会制度作保证。与资本主义不同，社会主义社会是人类历史发展过程中第一个消灭了剥削和压迫的社会形态，是从古至今最公正平等的社会制度。人们之所以选择社会主义社会就是因为社会主义能创造更好的经济政

---

①② 郇庆治.“包容互鉴”：全球视野下的“社会主义生态文明”［J］. 当代世界与社会主义，2013（2）：14.

治条件，使全体人民能更好地享有平等的权利[1]。“在社会生产日益发展的社会中，实现分配的公平几乎是不可能的，因此，唯一可行的公平形式是生产的公平；而唯一可行的生产的公平的媒介载体就是社会主义。”[2] 社会主义社会倡导以人为本，以实现人的全面发展、全面进步为宗旨。

社会主义生产资料公有制和按劳分配的经济制度以及人民当家作主的政治制度，以实现最广大人民群众的根本利益为立足点和出发点，以经济社会的全面协调可持续发展和人的全面发展作为根本目标，使生产资料和自然资源为全社会共同占有，用全社会的长远利益和整体利益把经济发展和环境保护联系起来，提高自然资源的利用效率，减少浪费；能够自觉从社会均衡发展的需要出发来调节社会发展与自然界的矛盾，达到生态的平衡，实现人与自然的和谐，为生态文明的实现提供了制度保障，自觉而主动地推进生态文明建设。尽管社会主义并不排斥市场经济的自由竞争，但社会主义市场经济能够从国家或全民整体利益的角度进行宏观调控，以消解市场失灵带来的危害。因此，社会主义公有制是生态文明建设的制度基础。

（二）生态文明建设是中国特色社会主义的有机组成

中国共产党人将马克思主义基本理论与我国国情和具体实践结合起来，创造性地开创了中国特色社会主义事业。由于人与自然是不可分割的有机系统，生态兴衰是影响文明兴衰的关键变量，因此，中国特色社会主义理论创造性地提出了生态文明的理念、原则和目标，将其作为中国特色社会主义的内在规定。

首先，生态文明建设是中国特色社会主义道路的重要构成方面。全面协调可持续是中国特色社会主义道路的本质要求。中国特色社会主义道路，既坚持以经济建设为中心，又全面推进经济建设、政治建设、文化建设、社会建设、生态文明建设以及其他各方面建设。2007 年 10 月，胡锦涛在党的十七大报告中提出建设生态文明的要求，并对其主要任务作出部署。胡锦涛强调：“建设生态文明，基本形成节约能源资源和保护生态环境的产业结构、增长方式、消费模

① 秦书生. 社会主义核心价值观的平等之维论析［J］. 伦理学研究，2015（2）：8.

② Leiss W. The Limits to Satisfaction，Toronto，1976：105.

式。循环经济形成较大规模，可再生能源比重显著上升。主要污染物排放得到有效控制，生态环境质量明显改善。生态文明观念在全社会牢固树立。”[①] 提出生态文明建设，是对人类文明发展理论的丰富和完善，是实现我国全面建设小康社会宏伟目标的基本要求，也是对日益严峻的环境问题国际化主动承担大国责任的庄严承诺。[②] 此后，“全面推进社会主义经济建设、政治建设、文化建设、社会建设以及生态文明建设”的表述在胡锦涛《在全党深入学习实践科学发展观活动动员大会暨省部级主要领导干部专题研讨班上的讲话》中出现。2009 年，党的十七届四中全会将生态文明建设提升到与经济建设、政治建设、文化建设和社会建设同等的战略高度，作为建设中国特色社会主义事业的有机组成部分。2011 年 3 月，以“绿色发展，建设资源节约型、环境友好型社会”为主题的生态文明建设被单列为《我国国民经济和社会发展“十二五”规划纲要》的重要篇章。这都表明建设生态文明不仅已作为我国基本的治国方略，并且已成为中国特色社会主义总体布局的一个重要构成部分。2012 年，党的十八大报告首次把“美丽中国”作为未来生态文明建设的宏伟目标，提出“把生态文明建设放在突出地位，融入经济建设、政治建设、文化建设、社会建设各方面和全过程，努力建设美丽中国，实现中华民族永续发展”[③]。这一重要论断将生态文明建设置于中国特色社会主义“五位一体”总体布局的高度加以阐述，是党对中国特色社会主义建设规律探索的重要结果。

其次，习近平生态文明思想是习近平新时代中国特色社会主义思想的重要组成部分，是中国特色社会主义理论的新成果。中国特色社会主义理论体系是指导党和人民实现中华民族伟大复兴的正确理论，是改革开放以来党推进马克思主义中国化所取得的理论创新成果。这一理论体系，扎根于改革开放和社会主义现代化建设的伟大实践中，符合全体中国人民根本利益，顺应当今世界和当代中国

---

① 胡锦涛. 高举中国特色社会主义伟大旗帜 为夺取全面建设小康社会新胜利而奋斗［N］. 人民日报，2007-10-25（1）.

② 巴志鹏. 中国共产党生态文明思想的理论渊源和形成过程［J］. 河南社会科学，2008（2）：7.

③ 胡锦涛. 坚定不移沿着中国特色社会主义道路前进 为全面建成小康社会而奋斗——中国共产党第十八次全国代表大会报告［M］. 北京：人民出版社，2012：39.

发展潮流。中国特色社会主义理论体系明确了中国特色社会主义的思想路线、发展道路、发展阶段、根本任务、发展动力、发展战略、依靠力量、国际战略、领导力量等重大问题，涵盖经济、政治、文化、社会、生态文明、国防、外交、统一战线、祖国统一、党的建设等方面的系统的科学理论体系。习近平新时代中国特色社会主义思想，是中国特色社会主义理论体系的最新成果。习近平生态文明思想是习近平新时代中国特色社会主义思想的有机组成，开创了马克思主义中国化的新境界，彰显了以习近平同志为核心的党中央对生态环境保护经验教训的历史总结、对人类发展意义的深邃思考，是中国共产党人创造性地回答人与自然关系、经济发展与生态保护问题所取得的最新理论成果。习近平生态文明思想博大精深、内涵丰富、逻辑严谨，深刻回答了为什么建设生态文明、建设什么样的生态文明、怎样建设生态文明等重大理论和实践问题，进一步明确生态文明建设与社会建设紧密联系的理念与途径，明确实现天蓝地绿水净的良好生态环境是人民群众的基本诉求；要求丰富经济发展与生态保护的辩证关系，切实做到从“绿水青山换金山银山”到“既要金山银山也要绿水青山”再到“宁要绿水青山不要金山银山”发展为“绿水青山就是金山银山”的理念转变，要求推动生态文明理念革新，让良好生态环境成为人民生活的增长点、成为经济社会持续健康发展的支撑点、成为展现我国良好形象的发力点，为子孙后代留下可持续发展的“绿色银行”。习近平生态文明思想既丰富了中国特色社会主义理论体系，更对建设美丽中国、夺取全面建成小康社会决胜阶段的伟大胜利、实现“两个一百年”奋斗目标、实现中华民族伟大复兴的中国梦，具有十分重要的实践指导意义。

再次，生态文明制度体系是中国特色社会主义制度体系的重要组成部分。中国特色社会主义制度是在探索中国特色社会主义现代化建设道路中逐渐形成和发展起来的，在历史比较和国际比较中日益显现出自己的优势，代表着 21 世纪充满生机与活力的社会主义发展的方向，在中国特色社会主义制度的引领下，我国取得了举世瞩目的现代化建设成就，受到了世人的广泛赞誉。中国生态文明制度建设，坚持促进人与自然和谐共生原则，实现建设美丽中国目标，展示出巨大优势。发达资本主义国家在推进现代化过程中曾经疯狂掠夺自然资源，造成了严重的生态灾难。近几十年来，随着世界绿色运动的兴起，发达国家的生态环境才逐步有所改善。但由于资本的逐利性，包括美国在内的发达资本主义国家至今没有建立起国家层面的生态文明建设制度体系。美国甚至还退出了应对全球气候变化的《巴黎协定》。我国在现代化建设过程中，由于缺乏经验，也出现过严重的生态环境破坏问题，但我们及时认识到问题的严重性，并经过十几年的努力，特别是党的十八大之后大力加强生态文明建设，比较快地制定了国家层面的一系列生态文明建设制度，在继续推进经济高速发展的同时，生态环境建设越来越好，尤其是在沙漠治理、退耕还林还草、江河湖泊治理、有害气体减排等方面，取得了显著成效。我国还积极参与国际生态环境治理。所有这些都受到了国际社会的赞誉。美国著名生态经济学家小约翰·柯布曾不止一次地指出："生态文明的希望在中国"[①]。面向未来，我们要建立和完善以治理体系和治理能力现代化为保障的生态文明制度体系，推动生态文明领域国家治理体系和治理能力现代化，为全球环境治理作出中国贡献。

最后，生态文化是中国特色社会主义文化的重要内容。中国特色社会主义根植于中华文化沃土之上，中华民族的气魄与精神得益于中华文化的培育与滋养。任何一个民族、任何一个国家、任何一个政党缺少了文化这个最根本的支撑都会变得寸步难行。文化承载着增强中华民族凝聚力的使命，为中华民族伟大复兴提供精神力量。[②] 中国特色社会主义文化积淀着中华民族最深层次的精神追求，代表着中华民族独特的精神标识，是激励全党全国各族人民奋勇前进的强大精神力量。我国的文化建设，牢牢把握社会主义先进文化前进方向，为全国各族人民团结奋斗提供了共同思想基础，日益凸显出其优越性。资本主义文化本质上是为资本服务的，在资本主义国家，尽管人民性文化乃至马克思主义文化也不同程度地存在，但

① 张孝德. 世界生态文明建设的希望在中国——第7届生态文明国际论坛观点综述［J］. 国家行政学院学报，2013（5）：122-127.

② 马云志. 坚定中国特色社会主义的"四个自信"［M］. 北京：人民出版社，2017：225.

很难占据主导地位。资本主义国家的阶级分化、社会分裂决定了它很难形成统一的、动员全国人民为共同理想而奋斗的价值观。改革开放后，我们党逐步探索出中国特色社会主义文化建设道路，并形成了越来越完善的文化建设制度体系。今天，中国特色社会主义文化建设既坚持马克思主义在意识形态领域的指导地位，又允许多样性文化共同发展，包括大力弘扬中华优秀传统文化，广泛吸收世界先进思想文化，尊重各个民族、各种宗教文化的正常发展，还适应市场经济发展的要求，在加强文化事业发展的同时，大力发展文化产业。正是有了这样的文化建设，我们取得了文化建设的丰硕成果，逐步形成了新时代中国特色社会主义话语体系、社会主义核心价值观，以及具有中国特色的哲学社会科学体系、社会思想文化体系、现代科学技术体系、大众文化体系等，使具有五千多年历史的中华文化在当代焕发出勃勃生机，为中华民族伟大复兴提供了强大的精神支撑。生态文明时代需要与之相匹配的生态文化。我们必须加快建立健全以生态价值观念为准则的生态文化体系，牢固树立社会主义生态文明观，促进社会主义生态文化的大发展和大繁荣。通过树立社会主义生态文明观，不断拓宽社会主义生态文明建设之路，通过建立推动文化自信弘扬社会主义核心价值观，在继承与发展“天人合一”“人与自然和谐”等中国传统生态观念基础上，逐渐形成系统全面的合理协调人与自然关系的绿色发展理念，构建中国特色社会主义生态文化的话语体系，增强文化自信，讲好中国生态文明建设的故事，让世界了解中国，让中国走向世界。

三、制度建设是生态文明建设的保障

生态文明建设是生态文明观念外化为实践的具体表现，是人类改造自然的同时保护自然的积极行动，蕴含有生态文明观的树立、生态生产力的发展、生态消费观的形成，以及相关体制和机制的建立等内容。生态文明建设不仅要通过自然科学的研究，探索适合生态文明发展的科学技术，更重要的是利用社会科学，一方面，建立符合生态文明要求的社会主义核心价值观，从道德层面引导人们树立保护生态环境的观念；另一方面，建立科学的制度体系为其作保障，并着重解决好生态文明制度建设体制中人与人、人与社会之间的利益关系。通过发挥制度本身的“红利”作用，以最小的软性制度建设获得最大的经济环境红利，达到保护生态环境的目标。制度的这种调节和制约作用，为人类的生产生活活动提供了基本规则和保障条件，为社会的发展运行确立了总体理念和方向战略。生态文明制度建设就是通过确定生态文明建设的制度规范来协调人们之间的社会关系，促进和保障社会运行方式的生态化变革，推动人与自然关系的和谐发展。

（一）生态文明建设需要规范性的制度引导

生态危机不仅仅是技术问题，也不仅仅是生态理性问题，还是一种社会和政治问题，克服工业文明带来的生态弊端只能从制度入手。正如恩格斯指出的那样，“但是要实行这种调节，仅仅有认识还是不够的。为此需要对我们的直到目前为止的生产方式，以及同这种生产方式一起对我们的现今的整个社会制度实行完全的变革”①。对于我国社会主义建设而言，则是要实现经济社会与生态环境协调统一。我国生态文明建设涉及生产方式、产业结构及生活方式的全面变革。正如马克思所说，资本的生产力包括社会生产力与自然生产力，但“一切生产力都归结为自然界”②。生态环境在当下作为生产力要素，严重制约着社会生产的发展。人类文明发展至今，虽然科学技术的繁荣增强了人类改造征服自然和社会的能力，但却忽视了对生态环境等自然生产力的保护。当前我国的经济社会发展，仍是以传统的经济增长为衡量指标。

我国生态文明建设虽然开始较早，但国民生态意识淡薄，更缺乏对生态保护具体政策的支撑。经济基础决定上层建筑，社会主义初级阶段的基本国情就决定了我国应大力发展社会生产力。当经济发展与生态保护发生矛盾之时，政府却会毫不犹豫地侧重于经济价值的追求，殊不知经济发展只有在资源环境的可承载范围内，才能

---

① 马克思，恩格斯. 马克思恩格斯文集：第 9 卷 ［M］. 中共中央马克思恩格斯列宁斯大林著作编译局，编译. 北京：人民出版社，2009：561.

② 马克思，恩格斯. 马克思恩格斯文集：第 8 卷 ［M］. 中共中央马克思恩格斯列宁斯大林著作编译局，编译. 北京：人民出版社，2009：170.

从本质上提高国民经济水平。

我国生态文明制度建设中缺乏发挥长效制度自律机制的政策保障，是造成我国环境日益恶化的原因之一。生态环境保护的制度建设不仅要强化生态文明的意识教育，更需要激发人们对环境保护的认同感，通过社会道德和社会意识等软性伦理的自律机制培育提升全社会的环境保护意识。例如，实行垃圾分类回收政策，实行“限塑令”等有利于环境可持续、废物可利用的低碳环保之举。推动社会主体积极参与有关生态保护，发挥政府的激励机制，发展生态产业，运用政府的政策宣传优势，使人民群众意识到生态环境的重要作用，并置身于日趋良好的生存环境之中，产生对“蓝天、绿地、净水”的生态需求，强化生态意识文明，加强社会主体对生态文明建设的重要性的认知，加快生态文明制度在引导社会主体积极参与生态文明建设的推动作用。因此，在提高全社会主体对生态文明认知的基础上，政府可侧重于生态环境保护政策的制定，以环境保护为核心推动经济发展方式转变，推进传统企业转型升级，加快环境节能产业等新型产业发展，进而实现环境效益与经济效益的统一。在生态文明制度建设中，政策上的正确引导是生态文明制度建设的软性规定，使生态文明实践固化，具有长期的稳定性，能发挥持久的推动力，亦可直接影响到社会主义生态文明建设的成败。

可见，推进生态文明建设依赖于一个规范的、长期的、稳定的制度机制。用制度保护生态环境，是建设生态文明、实现美丽中国梦的关键和根本保障。这是由于，制度的有关规定及其强制执行性可有效地规范和约束人们的利益追求和社会交往的非理性行为，把人们的利益矛盾和冲突控制在一定范围内，并整合因利益分化而出现的各种社会分散力量，减少因个人主观行为给环境造成破坏的不确定性，提高人们相互合作的信任度和安全感。生态文明制度既是人与自然和谐的道德诉求，也是人们对公共道德理性最基本的社会认同。因此，在现代社会中谋求社会和谐，基于人与自然之间关系的基础性地位，建立以规范人与自然关系为主旨的环境伦理特别是体现正义公平等的制度规范对于保护生态环境则具有重要作用。

（二）生态文明建设需要强制性的制度保障

生态文明建设不仅需要树立保护生态环境的意识理念，更重要的是把理念落实于具体的行动之中。生态文明建设不仅需要规范性的制度引导，更需要强制性的制度保障。制度体系的建立与完善，是理念转换为实践的动力，是确保理念有效实施的保障。生态文明制度的好坏，可直接影响到生态文明建设的成败。软性政策虽然能在行为上引导社会主体建立生态文明的生活方式，但不具有法律的约束与强制效果，只有通过加强强制性的制度建设，才能对社会主体的行为形成约束，更好地发挥制度的效能。生态文明制度建设要制定出符合生态文明要求的强制性制度。强制性的生态文明制度以法律制度的监督形式，具有可操作性，使生态文明建设更好更快地落到实处。

强制性的生态文明制度建设的主体是政府，并以法律、法规等外在形式表现出来，是生态文明建设的有力保障。加强强制性的生态文明的制度建设，要加快形成生态文明建设的法律体系，使政府在具体的生态文明建设中，真正做到有法可依、有法必依、执法必严、违法必究。

综上所述，正如恩格斯指出的“所谓‘社会主义社会’不是一种一成不变的东西，而应当和任何其他社会制度一样，把它看成是经常变化和改革的社会”①。社会主义改革是社会主义制度的自我完善、自我发展，是为了解放生产力、发展生产力，促进社会全面进步。改革的直接对象是束缚生产力发展的旧体制和思想观念等，生态领域内的改革就是要建立生态文明制度。通过制度建设制定出符合生态文明要求的制度体系，是保证生态文明建设成效的重要方式。只有通过有效的制度规范，才能解决好生态文明建设中各方的复杂关系，保障生态文明建设的科学方向。因此，加强生态文明建设，正确处理人与人、人与自然之间的关系问题，就必须依赖于体制改革，推进我国的生态文明制度建设。一方面，加强规范性的制度建设。通过有效的顶层设计，构建能体现环境正义和环境公平的生态文明制度体系，实现政府、企业、公民等不同社会主体利益表达、博弈行为的有序与和谐，开创生态文明建设新局面。另一方面，强

① 马克思，恩格斯．马克思恩格斯文集：第 10 卷［M］．中共中央马克思恩格斯列宁斯大林著作编译局，编译．北京：人民出版社，2009：588.

制性的生态文明制度建设。这类制度建设通常以法律制度的监督形式构建，具有可操作性，使生态文明建设更好更快地落到实处。强制性的生态文明制度建设的主体是政府，并以法律、法规等外在形式表现出来，是生态文明建设的有力保障。加强强制性的生态文明的制度建设，要加快形成生态文明建设的法律体系，使政府在具体的生态文明建设中，真正做到有法可依、有法必依、执法必严、违法必究。因此，制度建设是生态文明建设理论转换为实践的根本动力，是解决生态文明复杂关系的现实基础，也是生态文明建设的必然选择。

第二章　中国生态文明制度建设思想的理论基础

任何时代的社会意识，都和前一时代的社会意识有联系，它的产生和发展是以前人所积累的思想材料为前提，继承前人的思想成果。在社会意识的发展过程中，新的社会意识的形成和发展，不是对旧的社会意识的全盘否定，而是既克服又保留，克服其陈腐落后的东西，保留其合理的因素。中国生态文明制度建设思想是在吸收马克思恩格斯关于人与自然关系的分析，以及废物再利用的循环经济学理论基础上形成的。马克思恩格斯对于现实生态问题的制度批判理论是生态文明制度思想的直接理论基础。

第一节　马克思恩格斯生态思想

马克思恩格斯的生态思想逐步引起人们的重视，并成为理论研究的热点之一。马克思恩格斯所创立的马克思主义理论是为全人类争取解放的理论，这一理论既包括把人从不合理的社会制度奴役中解放出来，从而争得人与人的和解；也包括把人从与自然的对立与奴役中解放出来，从而争得人与自然的和解。① 马克思恩格斯生活的时代生态环境问题并不突出，因而他们理论中虽未有明显的关于生态文明或是生态文明制度的具体论述，但马克思恩格斯高瞻远瞩，超越了其时代的局限性，在著作中对于人与自然关系的分析、资本主义制度根源的剖析，以及废物资源化等观点，都内在蕴含着丰富的生态文明建设意蕴，这些理论阐释都是中国生态文明制度思想的重要来源。认真梳理、总结马克思恩格斯著作中所含有的生态思想，

---

① 陈金清. 生态文明理论与世界研究［M］. 北京：人民出版社，2016：40.

为我们解决环境问题，实现人与自然和谐相处的现代化，具有十分重要的理论和实践意义。

一、马克思恩格斯关于人与自然关系的生态思想

马克思恩格斯生态思想的主要内容是关于人与自然关系的思想。作为马克思主义的创始人，马克思恩格斯在人与自然关系开始变得紧张的初期就敏锐地意识到，如果不能正确地认识和处理这种关系，将会危及到人类自身的生活和生产，危及到人类社会的正常发展。马克思恩格斯以他们创立的辩证唯物主义和历史唯物主义为指导，深刻地揭示了人与自然之间的辩证关系，指出人是自然界长期发展的产物，自然对于人具有优先地位，人与自然的关系实质是人与人、人与社会的关系，通过实践实现人与自然的统一。①

马克思恩格斯根据当时自然科学发展的成就，指出人是自然界的一部分。马克思在《1844 年经济学哲学手稿》中指出："人靠自然界生活。这就是说，自然界是人为了不致死亡而必须与之处于持续不断的交互作用过程的、人的身体。所谓人的肉体生活和精神生活同自然界相联系，不外是说自然界同自身相联系，因为人是自然界的一部分。"② 恩格斯在《反杜林论》中明确指出："人本身是自然界的产物，是在他们的环境中并且和这个环境一起发展起来的。"③ 人类产生于自然界，是自然的一部分，并且依赖自然而存在，自然界为人类提供了生存和发展的物质基础。

首先，自然界是人的有机身体。人作为自然界的有机身体，与自然界有着根本的一致性。恩格斯指出，随着自然科学的发展，"人们就越是不仅再次地感觉到，而且也认识到自身和自然界的一体性，那种关于精神和物质、人类和自然、灵魂和肉体之间的对立的荒谬

① 陈金清. 生态文明理论与世界研究［M］. 北京：人民出版社，2016：41.

② 马克思，恩格斯. 马克思恩格斯文集：第 1 卷［M］. 中共中央马克思恩格斯列宁斯大林著作编译局，编译. 北京：人民出版社，2009：161.

③ 马克思，恩格斯. 马克思恩格斯选集：第 3 卷［M］. 中共中央马克思恩格斯列宁斯大林著作编译局，编译. 北京：人民出版社，1995：74.

的、反自然的观点，也就越不可能成立了”[1]。这样看来，人对于自然界来说，不具有任何特殊之处。相反，人作为自然界的有机身体，却是依赖于自然界，从属于自然界，自然界对于人具有优先地位。

其次，自然界为人类生存和发展提供必要的生产资料。马克思认为，自然界作为“人的无机界”，是人类“赖以生活的无机界”，是人类赖以生存和发展的物质前提，是人类不能离开的“生存的自然条件”。离开作为“感性的外部世界”的自然界，人类就不可能生存和发展。一方面，自然界为人的肉体提供直接的生活资料，与动物一样，人靠无机界生活，自然界是人的生活和人的活动的一部分；另一方面，自然界为人类劳动提供生产资料。人把整个自然界“作为人的直接的生活资料”[2]。人离开自然界将一事无成，“没有自然界，没有感性的外部世界，工人什么也不能创造”[3]。

最后，人类的活动必须遵循自然规律。自然界是人类生存的基本前提，人类要生存和发展必须要通过改变自然界中的物质形态，从中获取必须的物质生活资料。人具有主观能动性，能够利用自然、改造自然，但这种改造必须依据自然界本身的客观规律。也就是说，人生存于自然界中，必须同自然界保持着某种平衡关系，超出自然界承载范围的活动就会遭到自然界的报复。恩格斯曾告诫“我们不要过分陶醉于我们对自然界的胜利。对于每一次这样的胜利，自然界都报复了我们”[4]。恩格斯通过列举美索不达米亚、希腊、小亚细亚等地区由于不按照自然规律办事，过度砍伐森林而导致的毁灭性的生态灾难；阿尔卑斯山区的意大利人也砍光用尽山南坡的枞树林，结果造成山泉枯竭，雨天山洪暴发，摧毁了高山牧畜业的基础[5]。恩

---

① 马克思，恩格斯. 马克思恩格斯文集：第9卷［M］. 中共中央马克思恩格斯列宁斯大林著作编译局，编译. 北京：人民出版社，2009：560.

② 马克思，恩格斯. 马克思恩格斯文集：第1卷［M］. 中共中央马克思恩格斯列宁斯大林著作编译局，编译. 北京：人民出版社，2009：161.

③ 马克思，恩格斯. 马克思恩格斯文集：第1卷［M］. 中共中央马克思恩格斯列宁斯大林著作编译局，编译. 北京：人民出版社，2009：158.

④ 马克思，恩格斯. 马克思恩格斯文集：第9卷［M］. 中共中央马克思恩格斯列宁斯大林著作编译局，编译. 北京：人民出版社，2009：559-560.

⑤ 马克思，恩格斯. 马克思恩格斯文集：第9卷［M］. 中共中央马克思恩格斯列宁斯大林著作编译局，编译. 北京：人民出版社，2009：561.

格斯所列举的例子充分地说明了，人们只有尊重自然，按客观规律办事，才能更好地利用自然、改造自然。在1866年8月7日致恩格斯的信中，马克思指出："不以伟大的自然规律为依据的人类计划，只会带来灾难，对自然生态的破坏不可能永久继续下去，恢复工作才是永恒的。"① 因此，人类的生产活动对资源的开发应以自然可持续发展为前提，无节制地开发自然，必将导致生态环境的破坏和人类的生存危机。人类只有在正确认识自然规律的基础上，才能更好地利用自然、改造自然，在尊重自然发展规律的前提下能动地改造自然为人类所用，否则就会破坏自然的生态平衡，引发生态危机，最终危害人类自身的生存和发展。

总之，人类的活动受到自然规律的制约，警示着我们要正确地认识自然规律，并依据自然规律办事，这样才能真正得到大自然的馈赠，人类也才能够更加合理利用自然、改造自然，从而为人类发展作出贡献。

二、马克思恩格斯关于生态问题的制度批判理论

马克思恩格斯通过阐述生态危机的制度根源，揭示了资本主义生产方式和资本主义制度的弊端，提出了建立以"人与自然和谐统一"为原则的共产主义制度。马克思恩格斯关于生态危机的制度根源分析为中国生态文明制度建设思想奠定了基础。马克思恩格斯在他们的许多著作中，不仅揭示了资本主义经济社会的本质和发展规律，而且以大量事实描述了资本主义制度给生态环境和工人生产、生活环境所造成的灾难性后果，揭露了资产阶级在经济、政治等各个领域对广大工人阶级的剥削和压迫，将生态环境问题与资本主义的私有制度联系起来，得出了资本主义制度是生态环境问题产生的根本原因的结论②。

第一，马克思恩格斯深刻揭示了资产阶级贪婪和唯利是图的阶

---

① 马克思，恩格斯．马克思恩格斯全集：第31卷［M］．中共中央马克思恩格斯列宁斯大林著作编译局，编译．北京：人民出版社，1972：251.

② 赵成．论马克思恩格斯在环境问题上对资本主义的制度批判及其当代意义——兼评哥本哈根气候变化峰会［J］．思想理论教育，2010（21）：17.

级本性。马克思恩格斯指出，在资本主义社会，“支配着生产和交换的一个一个的资本家所能关心的，只是他们的行为的最直接的有益效果。不仅如此，甚至就连这个有益效果本身——只就所制造的或较好来的商品的效用而言——也完全退居次要地位了；出售时要获得利润，成了唯一的动力”①。“在资产阶级看来，世界上没有一样东西不是为了金钱而存在的，连他们本身也不例外，因为他们活着就是为了赚钱，除了快快发财，他们不知道还有别的幸福，除了金钱的损失，也不知道还有别的痛苦”。② 资本家为了能实现资本最大限度增值，他们可以忽视环境的清洁、不顾资源的持续利用，甚至为其生产剩余价值的工人的身体健康都是可以漠视的。恩格斯在《英国工人阶级状况》中对当时的英国工人阶级日益恶劣的工作和生活状况进行了详细的考察和实证研究，以大量的事实无情地揭露了资产阶级对工人阶级在肉体和精神上的双重压迫和剥削。恩格斯指出：“资产阶级，不管他们口头上怎么说，实际上只有一个目的，那就是当你们的劳动的产品能卖出去的时候就靠你们的劳动发财，而一到这种间接的人肉买卖无利可图的时候，就让你们饿死。”③ 通过对工人的生活环境状况的客观描述，恩格斯揭露了资本主义生产方式对环境造成的污染及其对工人身心的摧残，指出了环境破坏的罪恶之源就是资本主义私有制度，从而为进一步批判资本主义生产方式的生态破坏性及其根源奠定了基础。④

第二，马克思恩格斯将资本主义制度看作破坏人与自然关系的主导因素。马克思恩格斯始终把资本主义制度看作非正义性、非人道性和反自然性的剥削制度，他们批判了资本主义生产对于自然资源的掠夺和对环境的破坏，揭露了其反生态的本质，认为资本主义

---

① 马克思，恩格斯．马克思恩格斯全集：第 20 卷．［M］．中共中央马克思恩格斯列宁斯大林著作编译局，编译．北京：人民出版社，1971：52.

② 马克思，恩格斯．马克思恩格斯文集：第 1 卷［M］．中共中央马克思恩格斯列宁斯大林著作编译局，编译．北京：人民出版社，2009：476.

③ 马克思，恩格斯．马克思恩格斯文集：第 1 卷［M］．中共中央马克思恩格斯列宁斯大林著作编译局，编译．北京：人民出版社，2009：383.

④ 赵成．论马克思恩格斯在环境问题上对资本主义的制度批判及其当代意义——兼评哥本哈根气候变化峰会［J］．思想理论教育，2010（21）：17-18.

在唯利是图追求利润的过程中，既造成了人的异化，也造成了“自然的异化”。资本像剥削压迫雇佣工人一样压榨自然，“把地球上的资源视为资金一样——是可以转变为利润来源的资产配置。树木、野生动物、矿产、水和土地都被视为商品，可以卖或者是进一步加工。更为重要的是，它们的价格仅仅是榨取这些资源，把它们转化为市场性商品的花费而已”①。

第三，马克思恩格斯批判了资本主义制度下的资本主义生产方式对生态环境的破坏。大量生产与大量消费的资本主义生产方式和生活方式又把大量有害废弃物无节制地排放到自然界中去，远远超出了自然环境本身的自我净化能力，从而造成了人与自然之间自然物质变换关系的失衡，导致生态环境的不断恶化。在资本主义社会，“文明和产业的整个发展，对森林的破坏从来就起很大的作用，对比之下，它所起的相反的作用，即对森林的养护和生产所起的作用则微乎其微”②。“耕作的最初影响是有益的，但是，由于砍伐树木等等，最后会使土地荒芜”③。

第四，马克思恩格斯将生态危机的产生归结于资本主义的生产方式，根源是资本主义制度。马克思指出：“工人阶级处境悲惨的原因不应当到这些小的弊病中去寻找，而应当到资本主义制度本身中去寻找。”④“当今资本主义的经济危机和生态危机本质上都是社会化生产和生产资料私人占有基本矛盾的派生物。这一基本矛盾导致生产者与有限的自然条件分离，这些自然条件成为资本家的私人财产，其使用价值成为被资本家无偿占有的生产条件。当社会化生产和生产资料私人占有基本矛盾加剧时，资本对社会的和自然的生产

---

① 马克思，恩格斯. 马克思恩格斯选集：第4卷.［M］. 中共中央马克思恩格斯列宁斯大林著作编译局，编译. 北京：人民出版社，1995：385.

② 马克思，恩格斯. 马克思恩格斯文集：第6卷［M］. 中共中央马克思恩格斯列宁斯大林著作编译局，编译. 北京：人民出版社，2009：272.

③ 马克思，恩格斯. 马克思恩格斯文集：第10卷［M］. 中共中央马克思恩格斯列宁斯大林著作编译局，编译. 北京：人民出版社，2009：285.

④ 马克思，恩格斯. 马克思恩格斯文集：第1卷［M］. 中共中央马克思恩格斯列宁斯大林著作编译局，编译. 北京：人民出版社，2009：368.

条件的无偿占有就变本加厉”①。生态危机的本质是资本与自然关系的不协调，是资本家对自然这一生产资料无限度占有的结果。

对于如何解决资本与自然关系的不协调问题，马克思恩格斯也给出了自己的答案，指出社会制度变革是调节人与自然关系的根本途径。对于资本主义制度批判是马克思恩格斯资本主义批判理论的重要内容，这一点同样存在于马克思恩格斯对于资本主义的生态批判思想中，而且成为马克思关于资本主义生态批判思想的最深刻之处和最鲜明特征。在马克思恩格斯看来，要使人和自然之间的矛盾得到真正解决，需要一种新的社会意识形态，即共产主义取代原有的资本主义制度，实现资本主义生产方式、消费模式以及技术的利用方式的根本性变革，从而使劳动者和生产资料以一种更好的方式结合，让劳动者获得真正的自由。马克思恩格斯在分析资本主义生产方式、生产关系和交换关系的过程中，揭示出资本主义制度下异化的本质原因，进而提出只有变革资本主义，实现共产主义，才能从根本上解决人与自然的对抗。“这种共产主义，作为完成了的自然主义，等于人道主义，而作为完成了的人道主义等于自然主义，它是人和自然界之间、人和人之间矛盾的真正解决，是存在和本质、对象化和自我确证、自由和必然、个体和类之间斗争的真正解决。”② 共产主义以人的自由发展为前提，避免了单独占有自然这一生产资料，降低了生态危机发生的概率。从马克思恩格斯关于生态危机的分析中，可以得出，马克思恩格斯始终把实现人和自然的和谐，消除生态危机和共产主义的社会理想联系起来，即要想实现人和自然之间的可持续发展，不仅需要自然地“解放”，而且更要实现人的解放，而要实现人的解放，就必须废除资本主义私有制，实现共产主义。恩格斯明确地指出，要调节人与自然的关系，人类需要从解决人与人的冲突入手来解决人与自然的冲突。马克思也说：“只有按照一个统一的大的计划协调地配置自己的生产力的社会，才能

---

① 温莲香，张军．生态文明何以可能——基于马克思恩格斯共产主义学说的分析［J］．当代经济研究，2017（3）：14-21.

② 马克思，恩格斯．马克思恩格斯文集：第1卷［M］．中共中央马克思恩格斯列宁斯大林著作编译局，编译．北京：人民出版社，2009：185.

使工业在全国分布得最适合于它自身的发展和其他生产要素的保持或发展。"① 马克思恩格斯对于生态问题的未来出路作出了这样的理想设计，即只有"社会化的人，联合起来的生产者"，才能解决生产资料的资本主义私有制与社会化大生产之间的矛盾，才能消灭资本主义的生态危机，从而最终在人类"和解"的基础上实现人类与自然的"和解"②。

马克思恩格斯关于生态危机和社会制度根源的揭示启示我们，制度建设仍是制约生态文明建设的重要因素。未来环境问题的解决，需要在完善制度体系基础上提升环境治理能力。值得注意的是，马克思恩格斯在分析资本主义社会的生产方式中还提出了有关废物再利用的循环经济思想，这也可以看作中国生态文明建设的理论来源。马克思提出了通过对工业废弃物回收和再利用的方法，促进废物资源化，使废弃物最大限度地变成资源，进而将其再度投入生成过程之中，变废为宝，化害为利，实现废弃物的最小排放，达到节约资源、保护环境的目的③。马克思论述了关于工业废物资源化、减少废弃物排放的观点，并认为在自然科学进步的基础上，废物中的可利用成分重新被开发，使得废料可以循环使用。通过先进的废物回收技术，利用先进的生产技术对废物进行重新加工，把原本废弃的废料换成一种新形式，重新投入生产中，创造价值。因此，马克思指出："几乎所有消费品本身都可以作为消费的废料重新加入生产过程，例如，用坏了的破烂麻布可以用来造纸。"④ 这些观点与当前的生态经济理论，即循环经济的思想具有一致性。马克思认为，对工业废弃物的再加工和再利用是减少环境污染和节约资源的有效手段，这与今天人们提出的循环经济内涵非常相似。⑤ 这一思想，为建设生

---

① 马克思，恩格斯. 马克思恩格斯文集：第9卷［M］. 中共中央马克思恩格斯列宁斯大林著作编译局，编译. 北京：人民出版社，2009：313.

② 陈墀成，洪烨. 物质变换的调节控制——《资本论》中的生态哲学思想探微［J］. 厦门大学学报（哲学社会科学版），2009（2）：35-41.

③ 秦书生，王宽. 马克思恩格斯生态文明思想及其传承与发展［J］. 理论探索，2014（1）：40.

④ 马克思，恩格斯. 马克思恩格斯全集：第23卷［M］. 中共中央马克思恩格斯列宁斯大林著作编译局，编译. 北京：人民出版社，2004：288.

⑤ 秦书生. 生态文明论［M］. 沈阳：东北大学出版社，2013：38.

态文明，发展生态技术，减少工业和生活污染具有理论指导作用。

综上所述，马克思恩格斯立足于资本主义社会，对造成生态危机的资本主义制度进行批判，阐释了人与自然、社会的关系，为中国生态文明制度思想的形成提供了理论来源。

第二节　西方主流生态思想

20世纪在西方国家出现的资源、环境和人口矛盾，促使许多西方学者开始反思人类与自然关系，并构建新的人与自然关系。在近百年的发展中，西方生态思想流派众多，思想各异，其中最具影响力的是环境政治学和生态社会主义。

一、环境政治学

环境问题是由于人类不合理的生产生活方式而导致的，不仅给环境本身造成了压力，也严重影响了人类的发展进程。随着全球生态意识的觉醒，人类逐步认识到环境问题不仅是生态问题、经济问题，也是一个政治问题，甚至有可能演化为严重的社会危机。因此，对环境问题的解决事关国家的长治久安和永续发展。基于解决环境问题的政治化趋势，迫切需要形成一种新的理论学科，重新以政治学视角思考人与自然关系、人与社会关系，环境政治学应运而生。环境政治学要解决的核心问题，即“如何构建人类与维持其生存的自然环境基础间的适当关系的政治理论探索与实践应对”①。同时，也探讨了不同政治主体对该议题的政治认知、权益要求和政治追求，以及由此导致的传统政治关系、政治组织和政府体制的意识形态认知、政治规范和行为方式的改变等问题。可以说，环境政治学是政治学与环境科学相结合的新兴学科，具有广义和狭义两个范畴。“广义的环境政治学，是研究全球政治生态系统的基本状态、发展趋势和政治环境的演化特征及制约因素的综合性学科；狭义的环境政治

① 郇庆治. 环境政治学研究在中国：回顾与展望［J］. 鄱阳湖学刊，2010（2）：45.

学，是研究一个国家范围内的政治制度因素、执政党体制、政府治理结构，以及支持、影响和制约国家及政府的作用和执政党功能发挥的经济、文化诸要素的交叉性学科。”① 环境政治学虽未明确提出有关执政党应如何进行生态环境的制度建设，但其理论研究的生态政治学视角、主要内容及其研究路向等方面都为我国生态文明制度建设奠定了思想基础。

首先，西方环境政治学为生态文明制度的建立提供了理论支持。作为一种政治化的生态理论，环境政治学具有从政治学和生态学双重视角反思生态问题的理论特点，蕴含生态学的政治话语视角是生态文明建设的理论思考，其中有关体系、制度的思维方式为我国生态环境问题的解决提供了新思路。当前我国生态文明建设不仅是单一的生态文明意识的建立，而且也是从顶层设计出发，将生态文明理念纳入政治、经济、文化和社会等各个方面的制度、体系的创新，在相当程度上借鉴了环境政治学的思想精华。从这个角度看，环境政治学以其独特的政治性、生态性思维方式为中国特色社会主义生态文明制度提供了理论基础。

其次，西方环境政治学为我国生态文明制度的建立提供了启迪。环境政治学从体制、制度以及规范的概念研究出发，对如何构建人类发展与维系其生存环境的和谐关系进行了政治探索与实践分析，从政治的参与主体人的角度去解决环境问题，是一种“环境问题的政治化”的理论思考和实践方式。环境政治学把人类发展与其生存关系作为重点内容考察，揭示了人类存在与环境发展之间的矛盾，并对二者矛盾作了综合性的分析。无论从政治角度，还是从生态学角度看，人类与其生存环境之间的发展关系必定是其考察的重点内容。纵观生态文明建设的全过程，始终贯穿着对人与自然、人与社会关系的分析，也包含有人类发展与其环境之间矛盾的探讨。人类与其环境的关系问题也因此成为生态文明制度所要关注的重要问题之一。

总之，环境政治学为我国生态文明制度建设提供了新的思维范

① 宋协娜. 执政环境研究的一个理论支撑——建立中国特色的环境政治学［J］. 理论前沿，2005（8）：18.

式，为中国生态文明制度理论体系的构建提供了启示。

二、生态社会主义

生态社会主义是生态马克思主义者们探索解决生态危机的新模式。在他们看来，必须坚定社会主义信念，因为“生态学社会主义是一种在生态上合理而敏感的社会，这种社会以对生产手段和对象、信息等等的民主控制为基础，并以高度的社会经济平等、和睦以及社会公正为特征，在这个社会中，土地和劳动力被非商品化了，而且交换价值从属于使用价值”①。生态马克思主义启示我们，应该在坚持社会主义制度下建设生态文明，坚持走可持续发展道路，否则将会重蹈资本主义经济危机的覆辙。

首先，生态社会主义者坚持社会主义制度。生态社会主义把生态危机的总根源归结于资本主义制度本身。生态社会主义者认为，生态危机不可能通过改良来解决，只有通过革命，消灭资本主义制度才能最终消除生态危机的社会根源。生态社会主义者高兹认为，资本主义是追求经济合理性的社会，为了追求最大利润而只顾眼前利益、不顾生态平衡是资本主义生产的特点，这与生态合理性的要求是不相容的。因此，必须废除资本主义，消灭私有制，才能建立一个绿色的公平的社会②。可见，在生态社会主义者看来，要解决生态危机，最根本的就是走社会主义道路。因此，面对当下我国解决生态问题的首要前提，就是在中国共产党领导下，坚持社会主义基本制度不动摇，切实采取有效措施发挥社会主义制度的优越性。坚持社会主义制度和坚持中国共产党的领导是我国建设生态文明的制度保障和政治基础。

其次，生态社会主义者坚持系统整体性的发展原则。生态社会主义者们旗帜鲜明地批判了当代资本主义发展模式，提出以和谐发展观理念重构资本主义体系。这种发展观不同于以往片面追求人类

---

① 詹姆斯·奥康纳. 自然的理由［M］. 唐正东，臧佩洪，译. 南京：南京大学出版社，2003：439-440.

② 孙卓华. 生态社会主义思潮的特征与发展趋势［J］. 学术论坛，2005（12）：53.

自身发展的模式，要求重拾人、社会、自然三者的有机联系，尊重自然的发展价值。唯物辩证法认为，事物的联系是普遍的。人与社会、人与自然环境的关系都包含在生态循环之中，而且社会结构与人类之间的相互作用也是由各种动态系统组成的复杂网络。生态社会主义者也认同这种观点，指出“资本主义国家的经济、政治、社会、文化，乃至生态方面的危机都是资本主义制度危机的不同表现形式，这些危机相互作用和相互联系，要单独解决其中任何一个危机都是不可能的，必须放在整体性的社会结构和制度框架内加以解决。因此，资本主义危机的整体性决定了资本主义的生态重建也必须是整体、系统的”①。生态社会主义者所倡导的系统整体性的发展原则为我国生态文明制度建设提供了启示。生态文明建设是一个复杂的系统工程，各要素之间是相互联系、相互制约的关系，要求生态文明建设系统的各要素（观念层面、经济层面、制度层面）之间协调发展。特别是制度层面的要素对生态文明建设系统整体功能的发挥具有重要作用。

第三节　中国古代环境保护的智慧

“不以规矩，不成方圆”，古代社会已经意识到制度这一“规矩”对环境保护的不可或缺性，形成了较完备的制度体系。在中国古代，有关环境保护的理念、建议零散地出现在各朝代的律例、诏令、禁令之中，表明古代社会的环境保护意识非常强烈，为保护自然资源，促进人与自然和谐统一作出了巨大贡献。我国古代不仅提出了一系列保护生态环境的主张，也制定了许多禁止破坏环境的环境立法。尤其是在保护环境的立法方面，走在世界的前列。早在殷商时期，人们就已经认识到破坏环境带来的危害，并采取极端的严酷手段惩罚破坏环境的行为，表明了当时统治者通过法治手段对环境进行保护。不仅如此，我国古代还通过设置专门的环境保护机构，

---

① 徐民华. 生态社会主义的生态发展观对构建和谐社会的启示［J］. 当代世界与社会主义，2005（4）：40.

完善环境保护的立法体系建设。我国古代的生态法制化思想的具体实践，为中国生态文明制度建设思想的形成提供了丰富的生态智慧。

一、设置环境保护的行政机构

对于环境保护来讲，仅有环保机构的存在是远远不够的；通过考查古代中国环保机构的功能，我们发现中国古代各朝设置的环保机构非常适应和符合环境保护的客观现实和规律。这一客观现实和规律是什么呢？它包括两个方面：第一，环境本身是一个整体，生态系统各个因素之间不是彼此孤立、互不相干的，而是相互联系、相互依存。历史上水土流失的加剧、沙漠的扩大、河流的改道、湖泊的湮废、气候的变化、物种的分布变迁或灭绝等，都与森林植被的破坏有着直接或间接的关系；这些问题也不是一个部门能够完全处理好的，需要相关部门的配合，甚至需要赋予环保部门较大的整合的职权。第二，环境保护与其他领域具有内在的融合性。环境保护涉及社会诸多部门和领域，保护环境和治理环境问题是一个综合的系统工程。基于上述认识，古代各朝将环保部门与相关部门统属于某一上级部门。比如周代，虞部直属于大司徒，秦汉之际归属少府，隋唐以后由工部统辖，所属的这些上级部门除负责环保禁令的发布以外，往往还兼管农林渔业、手工业、各项工程、屯田、水利、交通等与之相关的部门。这样设置的目的就是便于协调各部门的冲突，有利于环保目标的实现；同时也有利于各部门的配合以充分利用生态系统的规律。虞是古代社会设立的专门用来管理自然环境的环保机构，最早出现于夏代并在之后的朝代不断发展。西周时期设立“山虞”“泽虞”等掌管山林川泽的机构。秦汉时期，环保机构的职责和相关规定又被进一步细化。唐代设立了较完整的环保机构，包括工部、屯田、虞部和水部四个部门。宋代由于精兵简政，将虞部划归工部，成为其下设机构，掌山泽苑囿场治之事。明清统治者延续了宋代的机构改革思路，均在工部下设虞衡清吏司、都水清吏司和屯田清吏司。在历朝历代皇帝的大力提倡和政府机构的直接管辖下，古代的自然资源得到了较好的保护。

通过设置有关机构专门负责环境保护，我国的实践是世界上最早的，表示着我国古代环境治理的专业化水平。在五帝时期，舜派大禹治水的同时派伯益为管理山泽草木鸟兽的官员，并定名这一官职为“虞”。根据清代黄本骥《历代职官表》，夏商周均有虞。《周礼》也详细记述了有关周代管理山林川泽的官员的建制、名称、编制及职责等。周代地官大司徒分管农、林、牧、渔等生产部门及教育和税收，并按山林川泽的大小制定了大、中、小三类的官吏，以及人员的数目编制。①

古代中国虽然没有明确生态文明建设的内容，但在历朝历代所开展的环境保护的具体实践则给予我们当代生态文明建设以重要启示，要有效地保护环境，就要将对土地、空气、水资源、各项工程、市场贸易、农业、林业等方面的管理纳入一个统一的部门，避免环境管制中的混乱无序、机构重叠和效率低下的局面，只有这样建立起来的环保机构才能提供更为全面的环境保护，才能有助于提高环境执法的一致性，更有效地配合环境保护和其他相关活动的进行。

二、颁布环境保护禁令

中国以较早的历法文明著称于世，在对待自然资源方面也颁布了一系列的环境保护法规、相关禁令，被后人概括为“先王之法”。淮南王刘安总结道：“畋不掩群，不取麛夭，不涸泽而渔，不焚林而猎。”② 不掩群、不竭泽、不焚林，就是禁止只顾当前，不顾长远，启示我们做事不能不考虑后果，要留有余地，这是上古时期留下的优良传统。在对待自然资源方面，有“四时之禁”“夏禁”“冬禁”之类：关于“四时之禁”，史载“农不上闻，不敢私籍于庸，为害于时也；然后制野禁……”③ 上古社会关于“四时之禁”详尽地把天地自然与四季运行规律同社会政治规则联系起来，是遵循自然规律的生动写照。另外，《管子》一书记载了上古时期对矿藏的保护禁令。“苟山之见荣者，谨封而为禁。有动封山者，罪死而不赦；有犯

① 杨志，王岩，刘铮，等. 中国特色社会主义生态文明制度研究［M］. 北京：经济科学出版社，2014：93.

② 高诱注：《淮南鸿烈·主术训》卷九.

③ 房玄龄注：《管子》卷二四.

令者，左足入，左足断；右足入，右足断。”① 这是我国古人运用禁令保护自然资源的雏形。

秦代制定了我国最早的关于保护生物资源的法律《田律》。西汉以后，不少生态道德准则变为帝王的具体诏令而强制臣民遵守。如汉宣帝元康三年，诏“令三辅毋得以者夏摘巢探卵，弹射飞鸟，具为令。”北魏孝文帝于太和九年下诏：“男夫一人给田 20 亩”，以“种桑 50 树，枣 5 株，榆根”，三年完成，否则“夺其不毕之地”。唐高祖武德元年，诏令禁献奇禽异兽。藏王松赞干布听说川西生态环境破坏十分严重后，下令将剩下的山林分为神山、公林两部分，神山不准任何人砍伐，违者格杀勿论。宋太祖建隆二年，禁春、夏捕鱼射鸟。这类禁令深入民间，到清代演化为家规族法，成为封建时期国家法律、法令的补充。如清代湖北麻城《鲍氏宗谱》规定：山前山后各有禁限，盗砍树木者，杖二百。有的族规针对当地情况，条文非常具体，清代江苏昆山《李氏族谱、族规》规定，在限定的时间内“如有乱砍本族及外姓竹木、松梓、茶柳等树及田野草者，山主佃人指名投族，即赴祖堂重贵三十板，验价赔还”。上述这种强制规定，在少数民族那里也形成一种共识，如《大理白族的婚俗和族规村约》中就有这样的条文：山林斧手时入，王道之本。近有非时入山肆行砍伐，害田苗于不顾，甚至盗砍西山，徒为己便，忍伐童山，实属昧良。以后如有故犯者，定即从重公罚。②

三、建立环境保护制度体系

通过立法保护生态环境的相关法令，最早可追溯到夏商周时期。夏朝规定禁令：“春三月，山林不登斧斤，以成草木之长；夏三月，川泽不入网罟，以成鱼鳖之长。”③ 意思是，阳春三月，不能用斧头到山林中砍伐，这样有利于草木的生长；炎热的夏天，不能用渔网在江河湖泊中捕鱼，这样有利于鱼鳖的生长。这些规定启示人们需

① 房玄龄注：《管子》卷二三.
② 徐少锦. 中国古代生态伦理思想的特点［J］. 哲学动态，1996（7）：42.
③ 黄怀信. 逸周书汇校集注：下册［M］. 上海：上海古籍出版社，2007：406.

要对自然资源进行限制性开采，从而保证可持续发展。制定这些具体措施，是根据顺应自然的特性来进行的。人要与自然和谐，就必须遵守自然规律。

先秦时期人们就已经制定了保护和改善农业生态环境的制度和措施。这些在《尚书》《周易》《周礼》《礼记》《诗经》《管子》《孟子》《荀子》等都有记载。学者们甚至认为《周礼》和《礼记》等本身就是调整西周社会关系的主要法律规范。《礼记·月令》系统地要求人们按四季节气安排生产和社会活动。《荀子·王制》中规定，五谷不时，果实不熟，不粥（鬻）于市；木不中伐，不粥（鬻）于市；禽兽鱼不中杀，不粥（鬻）于市。意思是，粮食没有经过完全的生长，果实没有成熟，不能到市场上买卖。树木没有经过完全的生长，适当的砍伐、修理，不能到市场上买卖。禽兽鱼没有经过完全的生长，并进行必要的杂质清除，不能到市场上买卖。违反上述规定者要受到严罚。

《秦律·田律》，是我国古代最早的以文字形式固定下来，并由政府严格执行的环境保护法。其中规定“春二月，毋敢伐材木山林及（雍）堤水。”意思是说，即春二月，不得伐林木，不得堵塞水道。该规定虽然是将上述活动作为妨害农事的“害时”之举而加以禁止，但是客观上起了维护农业生态环境的作用。①

汉代，儒家人物董仲舒“罢黜百家，独尊儒术”思想得到了汉武帝的重视和采纳，最具典型的就是根据“天人合一”产生的“春夏季节不执行死刑制度”——春夏季节万物生长，主生不主杀，而秋冬季节则草木凋零，主杀不主生，这样规定乃是“敬天顺时”，顺应时节的表现。隋唐时期，佛教传入，其思想理论曾一度占据着统治思想的上风，“不杀生”的理念对当时的环境保护立法的作用更是极其重要，同时也伴随着其他一些环境保护可持续发展和环境资源节约等思想。唐代对保护和分配水资源更为重视。《唐律疏议·杂律》第424条规定：“诸不修堤防，及修而失时者，主司杖七十。毁害人家，漂失财物者，坐赃论，减五等……”第425条规定“诸盗决堤防者，杖一百。”对不修堤防或不及时修理堤防的，主管官员要

① 肖爱. 古代农业生态法制探微——基于先秦、汉唐的分析［J］. 农业考古，2010（4）：10.

受“杖七十”之刑，造成水灾致财物损害的按照盗窃罪减等处置；对偷偷挖破堤岸引或放水的，“杖一百”，比前代的惩罚更严厉。唐代对保护山泽陂湖资源也作了明确规定，《唐律疏议·杂律》规定：“诸占固山野陂湖之利者，杖六十。”即对将山野湖堰私占影响对其更充分合理利用的，“杖六十。”①

宋代，由于战争对环境的破坏比较大，导致自然资源相对枯竭，于是环境保护立法体现在保护自然资源的可持续利用上比较多，尤其是对生物资源的保护上。比如，宋代君主曾多次诏令全国严禁滥捕滥杀：“畜有孕者不得杀，禽兽雏卵之类，仲春三月禁采捕。”

元朝，是蒙古族建立的王朝，由于蒙古族是游牧民族，所以特别注重对草原等自然资源的保护。诸如《阿勒坦汗法典》《六旗法典》《喀尔喀律令》等文献资料中散见一些关于保护自然资源的法令内容。比如《六旗法典》规定：“失放草原荒火者，罚一五。发现者，吃一五。荒火致死人命，以人命案惩处。”蒙古族重视天然草原的生态系统，遵守自然规律和法则，与此同时，还制定了一系列保护生态资源的法律法规。元朝的统治者注重和维持草原的生态平衡，注重人与自然的和谐发展，对促进元朝经济社会发展和政治稳定起了重要作用。

明清之后，环境保护方面的立法基本上是以保护资源的可持续利用为主要内容，并强调环境整治和资源保护的思想。在此期间，由于生产力发展，人口剧增，对自然资源的需求日益增多，环境保护的范围也不断扩大。②

总的来说，中国古代通过立法保护环境的意识较强，对后世有着极其深远的影响。我国古代环境保护立法，不仅体现了古代极高的立法智慧，也是传承中国古代哲学思想和传统文化的必然结果，为我国生态文明制度建设思想的形成奠定了思想基础。

生态文明是人类社会历史发展的必然选择，生态文明制度为解决环境问题提供重要保障。中国生态文明制度建设思想立足于马克

---

① 长孙无忌，等. 唐律疏议［M］. 刘俊文，点校. 北京：中华书局，1983.

② 金荣，陈恩. 中国古代立法中的环境保护意识及其对当代的启示［J］. 法制与社会，2014（7）：3.

思恩格斯的生态文明思想根基，特别吸收了马克思恩格斯关于解决生态危机制度根源的合理内核，并借鉴了西方环境政治学、生态社会主义的有关原则及中国古代环境立法思想。可以说，马克思恩格斯的生态文明思想是其形成之根，西方环境政治学、生态社会主义理论及中国古代环境立法思想是其形成不可或缺的土壤和水分，它们共同构成了中国生态文明制度建设思想的理论基础。

第三章 中国生态文明制度建设思想的形成发展

中国生态文明制度建设思想是生态文明建设的核心构成，二者具有共同的逻辑起点。生态文明建设的战略决策虽然是在党的十八大以后才明确提出的，但关于环境保护和生态文明建设的实践却是伴随新中国成立特别是改革开放后经济社会的飞速发展而不断深化的。生态文明制度建设思想作为一种认识，其形成与发展是一个由低到高逐步演进的历史进程，是随着中国共产党认识和解决环境问题的不断深入，逐步系统化、科学化，经历了从探索、起步、发展、完善直至成熟的演变历程，体现了中国生态文明制度建设思想一脉相承和与时俱进的理论特征。本章依据时间脉络，以中国生态文明制度建设思想的历史演进过程为主线，梳理中国生态文明制度建设思想的形成历程，阐述从新中国成立以来中国生态文明制度建设思想的不同发展阶段，并总结各阶段中国在开展生态文明制度建设中所呈现的阶段性思想特征。

第一节 孕育期：制定环境保护政策的探索期（新中国成立之初——改革开放前）

新中国成立之初至1979年颁布《环境保护法(试行)》这一时期是中国环境法制建设的孕育时期，这一时期颁布的与环境有关的法律文件也相应地被归类为萌芽时期的环境法。纵观此阶段的生态文明制度，主要以环境保护法律为主，制定思路也多源于问题导向。比如，当出现水土流失问题时，发布了关于水土保持的文件；在局部地区生产中出现了环境污染现象，则着力建立资源保护法。此阶段，虽然人民的环境保护意识尚未觉醒，政府也并未明确提出环境保护的有关概念，更没有形成关于生态文明制度系统的、理论性的认识，但在经济建设过程中，毛泽东、周恩来等第一代党的领导集体初步意识到环境污染给经济社会发展带来的严重危害，并指出通过建立相应的环境保护政策提出解决环境污染的对策，并从国家层面出台一些有利于环境保护的重要法律文件，为下阶段的环境法治化发展奠定了基础。

一、出台环境保护法律文件

新中国成立以后，百业待兴，政府和人民迫切需要发展工农业生产，巩固新生政权，改善人民生活。此阶段，我国针对国家建设所需的森林、矿产、土地等自然资源，制定了一系列利用与保护这类资源的法律文件，开启了用法律制度保护资源环境的新阶段。

（一）用制度保护森林资源

毛泽东非常关心和重视林业，无论在革命战争岁月，还是和平建设时期均是如此。1933 年毛泽东曾深入江西境内开展调查研究，并写下了著名的《兴国调查》和《长冈乡调查》，对当地水土流失的原因进行了深入分析，并提出应在河旁、路近、屋边种些树。① 毛泽东留下了许多关于林业问题的文稿。在《毛泽东论林业》（新编本）一书共收入自 1919 年至 1967 年间毛泽东关于林业问题的文稿 58 篇，其中包括一些调查报告、文章、讲话、谈话的节录和有关按语、批示、信函等，一部分文稿为首次公开发表。②

新中国成立时，由于连年战争，我国的生态环境遭到了很大破坏。当时，我国的森林覆盖率只有 8.6%。党中央意识到要保护森林、维护生态平衡。新中国成立之初，毛泽东就提出有计划地绿化荒山荒地，逐步实现绿化祖国的伟大目标。1949 年毛泽东主持制定的《中国人民政治协商会议共同纲领》中，就提出“保护森林，并

---

① 中共中央文献研究室，国家林业局. 毛泽东论林业（新编本）［M］. 北京：中央文献出版社，2003：13.

② 中共中央文献研究室，国家林业局. 毛泽东论林业（新编本）［M］. 北京：中央文献出版社，2003：1.

有计划地发展林业”的方针。

毛泽东在讲话及文章之中，不仅明确要对林业资源进行保护，更多次强调植树造林、保护森林，要依靠制度。特别是新中国成立后，党中央和毛泽东从中国的实际出发，高度重视林业的制度建设。1950年5月16日，发布了《政务院关于全国林业工作的指示》，明确规定林业建设的方针是：普遍护林，选择重点有计划地造林，并大量采种育苗；合理采伐，节约木材，进行重点的林野调查；及时培养干部。同时，还对林业机构设置等问题作了规定。1958年4月，发布了《中共中央、国务院关于在全国大规模造林的指示》，要求为了改造自然、保持水土、征服水旱灾害，促进我国自然面貌和经济面貌的改变，必须迅速地大规模地发展造林事业，并对造林规模、品种、速度、质量等作了详细规定。这是中国共产党在新中国成立初出台的关于植树造林的专门性文件。1961年6月，中共中央颁布了《关于确定林权、保护山林和发展林业的若干政策规定（试行草案）》（简称“山林十八条”）。同月，颁布了《农村人民公社工作条例（修正草案）》，规定了山林的所有权及经营权等，提出：“在山区和半山区的生产队，要切实培育好和保护好山林，防止破坏，并且积极地植树造林，因地制宜地发展用材林、经济林和薪炭林等项生产。”1963年5月27日发布《森林保护条例》，1967年9月23日，毛泽东批准下发了《中共中央、国务院、中央军委、中央文革小组关于加强山林保护管理、制止破坏山林、树木的通知》。该通知要求，县、社、队三级普遍建立和健全护林组织和护林制度。严禁乱砍滥伐，严禁放火烧山，严禁盗窃树木；不准毁林开荒，不准毁林搞副业。“三个严禁”“两个不准”目标直指森林保护，有很强的针对性。1973年11月发布《关于保护和改善环境的若干规定（试行草案）》”①，提出加强对森林资源和各种防护林的管理，严禁乱砍滥伐。这些制度的制定对保护林业资源发挥了积极的作用，植树造林、绿化祖国、改善环境的基本国策，切实提高了我国森林覆盖率。

周恩来也十分重视林业法制建设，加强对森林资源的管理和保

---

① 杨志，等. 中国特色社会主义生态文明制度研究［M］. 北京：经济科学出版社，2014年：58.

护。早在新中国成立之初，周恩来曾多次提到依法治林的问题。针对我国林业中的突出矛盾和问题，周恩来提出要在调查的基础上加强林业法制建设。1950年5月政务院发布了《关于全国林业工作的指示》，1951年7月27日，周恩来在政务院第95次会议上讨论解决木材供应困难问题的建议时指出："今年二月公布的农林指示中说，不要乱伐木材，但是没有说伐了怎么样。所以，我们一方面要教育，一方面要搞出一些法规来，这样，才能把国家引上计划性的轨道。"① 此后，周恩来又先后主持制定了《关于节约木材的指示》《关于严防森林火灾的指示》《关于发动群众继续开展防旱抗旱运动并大力推行水土保持工作的指示》和《关于发动群众开展造林育林护林工作的指示》等一系列重要的文件。1953年，周恩来在政务院第185次会议上，提出制定《森林法》的设想。1964年5月7日，周恩来在听取林业部副部长惠中权的工作汇报后指出，从中央到地方，每个负责同志，除年老有病的，每年都要带头种树。要养成一种风气，并对此事作出相应的规定。1965年5月23日，周恩来听取林业部副部长惠中权汇报林业工作，当谈到世界各国管理林业都有个《森林法》时，他再次提出，我国要搞个《森林法》。② 1984年，《中华人民共和国森林法》诞生。

刘少奇谈到山林保护时，也提到"要拟几条办法"。刘少奇主张采用税收、价格等经济政策手段来保护森林，他的这一思想可以看作将生态文明建设融入经济建设的最早雏形。1957年11月29日，刘少奇在第一届全国人民代表大会常务委员会第86次会议上指出：湖南一些农村的农民上山把小树砍下来烧木炭，大家一烧就把山烧得光光的，这样就破坏了山林。刘少奇认为，既然他们烧炭有钱赚，就应该收他们一些税，收税收得没有钱赚，他们就不烧了，就保护了山林。1961年7月16日，刘少奇在赴东北、内蒙古林区调研的专列上和随同人员谈话时指出，价格合理了可以促进林业生产，促进

---

① 中共中央文献研究室，国家林业局. 周恩来论林业［M］. 北京：中央文献出版社，1999：15-16.

② 曹前发. 毛泽东生态观［M］. 北京：人民出版社，2013：104.

木材的节约。否则就会阻碍生产，造成浪费。①

（二）颁布环境规划法

在中国生态文明制度建设的探索期，我国制定了关于环境规划的法律文件。1956年5月，国务院常务会议通过了《国务院关于新工业区和新工业城市建设工作几项问题的决定》，对新工业区和新工业城市建设空间利用问题作出规定。《决定》要求积极开展区域规划，合理地布置新建的工业企业和居民点，将远期规划和近期规划结合起来，在初步规划完成的基础上制定总体规划。《决定》认识到工业布局集中对于环境、人民生产生活和地区经济的影响，规定："为了避免工业的过分集中，在规模已经比较大的工业城市中应当适当限制再增建新的重大的工业企业。如果必须增建时，也应当同原来的城区保持必要的距离。"②

（三）开展水污染防治

自20世纪50年代起，中国的卫生部门就负责开展水污染防治工作，重点关注饮用水的卫生管理。1955年5月，卫生部发布了在北京、天津、上海、旅大（即现在的大连市）等12个城市试行《自来水水质暂行标准》。③ 这是新中国成立后最早的一部管理生活饮用水的技术法规。1956年5月，国务院发布的《工厂安全卫生规程》专门对饮用水水源的保护、废水处理等作出规定。1957年6月，国务院第三、第四办公室发布了《关于注意处理工矿企业排出有毒废水、废气问题的通知》，明确提出要注意防治工业污染。1959年9月，建筑工程部、卫生部联合发布了《生活饮用水卫生规程》，规定了水质标准、水源卫生保护等内容。1960年1月，国务院批准颁发了《放射性工作卫生防护暂行规定》，对预防放射性污染作出了相关规定。同年3月，建筑工程部党组向中共中央报送《关于工业废水危害情况和加强处理利用的报告》，反映工业废水危害情况并提出了一些整改建议。报告中说，随着工业生产和建设的飞跃发展，工业废水的水量也愈多，水质也愈来愈复杂，且多数有毒性，工业

---

① 曹前发. 毛泽东生态观［M］. 北京：人民出版社，2013：122.

② 徐祥民. 中国环境法制建设发展报告：2010年卷［M］. 北京：人民出版社，2013：7.

③ 梁锡念，甘日华. 供水卫生安全保障与管理［M］. 北京：人民卫生出版社，2009：144.

废水肆意排放破坏环境、影响生产、损害人民健康。① 这一情况引起了中央的高度重视。中共中央批转了建筑工程部党组的报告，并批示："工业废水的处理利用是一件很重要的事情。……过去，由于各方面的原因，对这一极为重要的工作重视不够，这是一个缺点，从现在起，必须加强注意，加强领导。"② 国家开展对工业废水的调查，加强对水源的管理和监督，关注并解决工业中关于如何处理废水等问题。

这一时期的环境法从涉及的内容来看，以资源利用与保护为主，其中包括对森林资源、野生动物资源、矿产资源、土地资源等的利用和保护。与此同时，防治污染、处理局部污染问题的法律规定也开始出现。就法律文件的效力等级来看，主要是一些行政法规、行政规章和规范性法律文件。

二、明确环境保护法规

1973 年 8 月 5 日至 20 日，国务院委托国家计委在北京组织召开了第一次全国环境保护会议，会议制定了中国第一部综合性的环境保护行政法规，这是中国环境保护事业具有里程碑意义的事件，意味着我国已将环境问题作为一项议题纳入国家治理的总体框架之中。本次会议还分析了我国环境污染和生态破坏状况，提出了治理环境的必要性和紧迫性，加快了环境保护的法制化进程。

（一）制定综合性环境保护法规

1972 年，国家计委、国家建委发布了《关于官厅水库污染情况和解决意见的报告》。报告提出，工厂建设和"三废"利用要同时设计、同时施工、同时投产。同年，中国政府派代表团参加了联合国人类环境会议，通过与国际社会的接触，代表团成员深刻意识到环境问题对经济社会的重大影响，也了解到各国如何对待环境问题。

---

① 中共中央文献研究室. 建国以来重要文献选编：第 13 册 [M]. 北京：中央文献出版社，1996：103-104.

② 中共中央文献研究室. 建国以来重要文献选编：第 13 册 [M]. 北京：中央文献出版社，1996：102.

会议结束后，代表团在回国汇报时，根据会议材料，对照国内情况，发现我国的环境问题已经相当严重，大气污染、水质污染、固体废弃物污染以及生态的破坏，都已经达到比较严重的程度。在世界范围内普遍关注环境问题的时代背景下，国家计划委员会于 1973 年 8 月 5 日至 20 日召开第一次全国环境会议。在这次会议中，与会人员交流了全国环境保护方面的情况，研究了有关环境保护的方针、政策，针对我国在环境污染和生态破坏方面存在的突出问题进行了讨论研究，确定把环保工作作为工农业建设中的重点问题来抓，统一部署环保工作。

第一次全国环境保护会议取得了三个重要成果：一是确定了我国第一个环境保护工作方针，即“全面规划、合理布局、综合利用、化害为利、依靠群众、大家动手、保护环境、造福人民”；二是作出了环境问题“现在就抓，为时不晚”的结论；三是审议通过了我国第一部环境保护的法规性文件——《关于保护和改善环境的若干规定》，并经国务院批准执行，我国的环境保护工作从此走上制度化、法治化的轨道。这个文件揭开了我国环境保护事业的序幕，也为我国下阶段环境制度的建立和发展打下了基础。《关于保护和改善环境的若干规定》主要涉及十个方面内容：第一，要做好全面规划。制定发展国民经济计划，既要从发展生产出发，又要充分注意到环境的保护和改善，把两方面的要求统一起来，统筹兼顾、全面安排。第二，工业要合理布局。在城镇上风向和水源上游、城市居民稠密区内不准设立有害环境的工厂，已经设立的要改造，少数危害严重的要迁移。第三，逐步改善老城市的环境。逐步完成城市的排水系统和污水处理设施，保护水源，特别是地下水源，消除烟尘和有害气体，及时处理和利用各种废渣、废品和垃圾，尽量减少噪声，保持环境安静。第四，搞好综合利用，除害兴利。一切新建、扩建和改建的企业，其防治污染项目，必须和主体工程同时设计、同时施工、同时投产。第五，加强对土壤和植物的保护。第六，加强水系和海域的管理。第七，植树造林，绿化祖国。第八，认真开展环境监测工作。第九，大力开展环境保护的科学研究工作，做好宣传教育。第十，环境保护所必需的投资、设备、材料要安排落实。这一规定中确立的“三同时”制度，在20世纪70年代成为我国环境保护工作的重点。所谓“三同时”制度就是指工厂建设和“三废”处理工程要同时设计、同时施工、同时投产，“三同时”制度是在我国社会主义建设经验的基础上提出来的，是我国的独创，是对周恩来提出的以预防为主的环境保护方针的具体化、制度化。“三同时”作为我国第一部环境保护法规的重要组成部分，在当时确实起到了重要的作用，从而成为具有我国特色并行之有效的环境管理制度。第一次全国环境保护会议的功绩，最主要的就是唤醒了民众，特别是各级领导干部对环境保护问题的重视。

（二）关注工业污染防治

随着新中国经济的迅猛发展，工业生产中的“三废”排放量也日益增多。20世纪70年代初，国内连续发生了几起大的环境污染事件，国务院及其有关部门制定了关于防治污染的规范性的法律文件。1973年11月17日，由国家计委、国家建委、卫生部联合颁布了《工业“三废”排放试行标准》。这是我国第一个环境保护标准，它是以排放污染物的浓度为控制标准。“三废”排放标准的出台，为环境保护机构的监管工作提供了依据，结束了我国污染治理无章可循的历史，增强了环境监管的可操作性。1974年1月，国务院颁布了《防治沿海水域污染暂行规定》。这是中国第一部正式颁布施行的有关环境污染防治的行政法规。

（三）建立环境管理机构

新中国成立之后，国家曾经下达了一系列保护自然资源和环境的文件，但是相关工作则是被多个部门分解，没有专门机构负责。1971年，国家计委环境保护办公室成立，这是中国政府机构中第一次出现“环境保护”字样。1974年，国务院环境保护领导小组成立并召开了第一次会议。该小组由国家计委、工业、农业、交通、水利、卫生等部委领导人组成，余秋里任组长，谷牧、顾明任副组长，下设办公室负责处理日常工作。领导小组的主要职责是：负责制定环境保护的方针、政策和规定，审定全国环境保护规划，组织协调和监督检查各地区、各部门的环境保护工作。从此，中国现代环境保护历史上有了第一个专门管理机构。全国环境保护机构的建立，大大促进了全国性环境保护工作的开展。

通过上述分析我们能够看到，这一时期的文件相比于新中国成立之初增加了有关环境保护的法律，并出现了中国首部防治环境污染的行政法规。① 从立法内容看，这一时期的立法确立了中国环境保护工作的基本方针和一些重要的环境保护制度。如《关于保护和改善环境的若干规定（试行草案）》确定了环境保护的目标，规定了环境保护的基本方针、基本原则，奠定了中国环境保护法的基本框架，为环境法的进一步完善打下了稳固的基础。同时，关于沿海水域保护工作的分工也为中国后来近海环境污染治理的基本工作格局勾画了方向。从立法的意义看，这一阶段环境立法主要受世界环境保护的推动，特别是人类环境会议的促进，至此开启了中国环境保护融入世界环境保护的大门，我国开始成为人类应对环境问题的重要力量。从环保机构设置看，国务院环境保护领导小组成立后，逐步成立了环保研究所和环保检测机构，极大提升我国环境保护工作的效率。此外，党中央组织相关人员翻译世界著名环保专家的重要论著及环保知识，进一步拓宽了我国环境保护的工作思路。

三、小结

回顾新中国成立之初至改革开放前的这一时期，由于人们尚未解决温饱问题，经济发展成为压倒一切的首要任务，人们对环境问题的认识和保护环境的意识普遍不足，各级党政企业干部对环境保护重视不够，严重影响了环境保护工作的成效。人们片面认为所谓生产力就是人类单向度地征服、改造自然的能力，因此要推进生产力的发展，必然要加速开采自然资源，而中国幅员辽阔，地大物博，资源的成本可以忽略不计，甚至认为环境问题是资本主义社会所特有的现象，社会主义国家不存在资本主义国家那样的环境问题。以毛泽东为核心的党的第一代领导集体在生态环境保护方面虽然做了一些有益的工作，但并没有形成保护环境的明确概念和政策，尚未形成系统的环境理论和方针政策，我国生态文明制度建设的孕育时

---

① 徐祥民．中国环境法制建设发展报告：2010年卷［M］．北京：人民出版社，2013：20.

期，体现在初步制定了环境保护政策及规定。值得肯定的是，此阶段是我国环境保护理念从无到有，环境政策从制定到确立，环境保护工作已引起中央政府的重视，开展了以治理工业污染为重点的环境防治工作，缓解了生态环境破坏对社会主义建设的压力，尽管尚未明确提出生态文明制度建设思想，但党的第一代领导集体开始探索以制度保障环境的中国生态文明制度建设道路，基本结束了环境保护无法可依的尴尬局面。总体看，此阶段的环境保护工作呈现良好发展态势，但仍不能忽视问题的存在。其一，缺乏广大人民群众的共同参与，整体的环境污染治理水平和成果尚不显著。其二，缺乏对生态环境保护的经验，以针对污染源进行单纯的“点对点”治理为主要治理模式，对环境保护的系统性认知不够。比如对于工业化发展过程中出现的“三废”问题，没有认识到其产生的根源，对其治理也只能是头疼医头、脚疼医脚，难以找到解决其危害的根本途径，加之新中国成立后政治运动的冲击，环境问题也很难得到持续的关注，最终引起的问题是环境治理成本后置，环境治理难度增加。

第二节　起步期：开启环境保护立法的形成期（改革开放初——20 世纪 90 年代）

20 世纪 70 年代联合国人类环境会议召开，不仅加快了世界范围内环境保护的进程，也促进了中国人民环境保护意识的觉醒，我们逐步认识到自身发展面临的严峻环境问题。此阶段，我国在相关环境保护条例基础上，更加重视对于环境保护的立法。注重环境法律制度建设是这一时期环境保护最显著的特色。正如邓小平同志指出的，环境保护问题还是“法律手段”靠得住些。李鹏同志在 20 世纪 80 年代也强调：“光说环境保护重要还不行，还要靠法律去制约”“加紧制定环境保护的各项法规，尽快形成环境保护的法规体系。”①邓小平密切关注环境保护制度的建设，坚持实行法制化管理，强调

① 李鹏. 李鹏同志关于环境保护的论述［M］. 北京：中国环境科学出版社，1988：17-18.

普及环保宣传教育，以确保环境保护工作的健康进行。这一时期，我国颁布了一系列环境保护的法律，开启我国环境保护工作的法制化道路，颁布了环境领域的“根本大法”，即《中华人民共和国环境保护法（试行）》（1979年），形成了包含环境保护的事物法系统和手段法系统两大“方阵”，拥有包括污染防治法、资源保护法、环境退化防治法、生态保护法、环境规划法、环境影响评价法、环境标准法、环境监测法、清洁生产促进法、循环经济促进法、环境信息公开法、环境许可法、环境教育法等十余支“队伍”在内的一个繁荣的法律部门。这一阶段我国的环境保护理念从无到有，环境保护实践从以末端治理为主到“预防为主，防治结合”，从单纯考虑环保问题到综合考虑环境与经济、社会协调发展的转变，逐步建立了相应的管理机构，明确了法规政策和管理手段，开启我国环境法制化进程。

一、建立环境保护的法律保障制度

邓小平十分重视制度建设。他认为：“制度问题关系到党和国家是否改变颜色，必须引起全党的高度重视。”① 在他看来，国家的法制建设对一个国家的发展具有至关重要的作用，“为了保障人民民主，必须加强法制，应该集中力量制定刑法、民法等其他各种必要的法律”②。对于环境的保护，邓小平深刻意识到制度治理的重要性。邓小平在党的十一届三中全会闭幕式上所做的报告中，提出制定森林法、草原法、环境保护法。总的来看，这一时期生态文明制度建设呈现最显著的特色是加快环境法律制度建设，突出了用制度保护环境的指导思想。

（一）顶层设计，制定法律

1978年2月，五届全国人大一次会议通过的《中华人民共和国宪法》规定：“国家保护环境和自然资源，防治污染和其他公害。”这是新中国历史上第一次在宪法层面对环境保护作出明确规定，为

---

① 邓小平. 邓小平文选：第2卷［M］. 北京：人民出版社，1993：330.

② 同①：136.

我国环境法制建设和环境保护事业的开展奠定了坚实的基础。1979年9月13日，确定了我国第一部单行的环境保护的基本法律——《中华人民共和国环境保护法（试行）》，将我国环境保护的基本方针、政策和任务以法律的形式确定下来，标志着我国环境保护开始走上法制化轨道，也开启了我国环境保护的法律建设阶段。

1983年12月31日至1984年1月7日，国务院召开第二次全国环境会议，李鹏同志作了主题为《环境保护是我国的一项基本国策》的讲话，指出："我们搞社会主义建设，除了要抓好工、农业生产和国防、科学技术外，还必须解决好两个大问题：一是人口问题，一是环境问题。现在人口问题已经受到重视；而环境问题还没有引起足够的重视。"① 第二次全国环境保护会议，将环境保护确立为我国的一项基本国策，也是基于改革开放后人口、资源、环境压力越来越凸显，对保护环境的要求也越来越迫切的现实状况的反映。此次会议具有鲜明的中国特色，推进了我国环境保护事业的发展。会议制定经济建设、城乡建设和环境建设同步规划、同步实施、同步发展，实现经济效益、社会效益、环境效益相统一的指导方针，提出实行"预防为主，防治结合""谁污染，谁治理"和"强化环境管理"三大政策，环境管理以"预防为主，防治结合"等重要观点。此外，会议也初步规划出到20世纪末中国环境保护的主要指标、步骤和措施。

（二）重点领域，强化立法

1962年5月26日、28日，邓小平主持召开中共中央书记处会议，讨论国营农场工作条例。邓小平在讲话中指出，国家应像瑞士一样，规定一条法律，列入民法，不管集体、个人还是国家砍一棵树，赔种三棵树。先从国营农场造林搞起，每个农场规定造林任务，年年搞造林计划。搞苗圃，帮助社队造林。1978年12月13日，邓小平在党的十一届三中全会闭幕会上讲话指出，要制定森林法、草原法、环境保护法等。在林业保护上，邓小平不仅提倡植树造林，还要依靠法制，依法造林，依法护林。1979年2月23日，五届全国

① 李鹏. 李鹏同志关于环境保护的论述［M］. 北京：中国环境科学出版社，1988：6.

人大常委会第六次会议原则通过颁布了《中华人民共和国森林法（试行）》，并决定3月12日为中国植树节。这部森林法是我国第一部林业大法，是保护和发展我国林业的强有力的武器。

1981年2月24日，国务院颁发了《关于在国民经济调整时期加强环境保护工作的决定》（以下简称《决定》），这是一项环境保护的综合性法规，主要用于解决经济发展和环境保护两者关系的问题。《决定》指出：要抓紧解决突出的环境问题；制止对自然环境的破坏，特别是水土资源和森林资源的破坏；严格防止新污染的发展。明确加强国家对环境保护的计划指导、加强环境监测、科研和人才培养及加强环境保护工作的领导等任务，进一步推进了我国环境保护的法制化进程。1981年9月16日，邓小平约万里谈话，就长江和汉江尚有山区毁林开荒和森林过量采伐造成四川、陕西南部发生特大水灾一事，提出开展全民义务植树的倡议。他指出：最近发生的洪灾问题涉及林业，涉及木材的过量采伐。中国的林业要上去，不采取一些有力措施不行。是否可以规定每人每年都要种几棵树，比如种3棵或5棵树，要包种包活，多种者受奖，无故不履行此项义务者受罚。可否提出一个文件，由全国人民代表大会通过，或者由全国人大常委会通过，使它成为法律，及时施行。总之，要有进一步的办法。同年10月17日，林业部党组向中共中央、国务院呈送《关于贯彻小平同志林业谈话的报告》。18日，中共中央书记处开会讨论林业部党组的报告，一致同意邓小平的倡议。同年12月13日，五届全国人大四次会议一致通过《关于开展全民义务植树运动的决议》，揭开了中国绿化史上崭新的一页，我国进入了依法造林、护林的新时期。1982年12月，全国人大四次会议通过了《关于开展全国义务植树运动的决议》。依法造林、护林作为一项决议被固定下来。

这一时期，党中央也尤其关注各地区的环境保护治理情况。陈云在看到一名新华社记者写的《卫星看不见的城市——本溪市环境污染情况调查》一文后，关于本溪市的环境问题引起了他的关注。这份材料指出：辽宁省本溪市是一个以生产钢铁、煤炭、水泥为主的重工业城市，也是国家的重要原材料生产基地，环境污染非常严重。由于本溪市以原材料生产为主，形成了严重的烟尘污染。1987年，城区平均月平方公里降尘已降到57.8吨，但仍超标7倍以上。二氧化硫年日平均浓度为0.19毫克每立方米，超标2.2倍；一次最大浓度值为2.08毫克每立方米，超标3.16倍，其污染均居全国之首。本溪市有5条较大河流，除浑江污染较轻外，其余均被严重污染，太子河尤为严重。地下水也被严重污染，郊区几百眼水井的水不能饮用。在陈云的高度关注下，国务院环境保护委员会第14次会议通过了《关于治理本溪市环境污染的决定》，开启治理本溪市环境污染的“战斗序幕”。之后，国务院环境保护委员会又派出小组赴四川省考察环境污染情况，四川省治理污染的行动也迅即展开。以点带面，轰轰烈烈的全国环境保护运动逐渐拉开帷幕。

（三）确定环境保护等基本国策

所谓基本国策即立国之策、治国之策，指由基本国情决定的某类具有全局性、长期性、战略性意义的问题的系统对策。只有那些对国家经济建设、社会发展和人民生活具有全局性、长期性和决定性影响的战略思想才算是基本国策。将环境保护确定为基本国策，既体现了政府对生态环境的高度重视，也说明环境保护是与个人息息相关的问题。

1981年12月，五届全国人大四次会议通过的《政府工作报告》把防治污染和保护生态平衡列为国民经济发展10条方针之一。1990年《国务院关于进一步加强环境保护工作的决定》中强调：保护和改善生产环境与生态环境、防治污染和其他公害，是我国的一项基本国策。1992年党的十四大召开，将“环境保护是基本国策”写入报告。

环境保护基本国策的制定具有重要意义。从国家角度看，它标志着党和政府对环境保护问题认识的飞跃。环境问题作为现代化建设中的突出问题和人口问题一样受到党和国家的重视。将环境保护上升为基本国策不仅表明党和政府的一种态度，也是治理国家的一种理念，进而唤醒整个社会对环境问题的高度认识，并逐渐对保护环境达成共识。从公民层面看，它的确定使环境保护意识开始深入人心，提高了人民群众主动保护生态环境的积极性，有助于提升人民自觉履行环保责任的意识。

二、设立环境保护的专门机构

历史和现实告诉我们，强化环境体制机制建设是解决我国环境保护问题的关键环节。我国多年环保实践表明，“如果不建立起环境管理机构体系，再好的规划、再好的主意也难被执行，环境保护事业就只能停留在一般的号召上，难于打开局面”①。体制机制作为制度的外在表现形式，是制度效用得以最大发挥的保障，从一定意义上讲，体制机制建设也是制度建设的重要组成部分。然而，在《环境保护法（试行）》颁布以前，我国并不存在具有正式编制的环境保护机构。为了配合国家环境保护工作的开展，我国设立了相应的环境保护机构。

（一）从无到有建立环境保护领导小组

1971 年在国家计委成立环境保护办公室。1973 年第一次全国环境保护工作会议召开后，国务院成立了环境保护工作领导小组，各省市也相应成立了环境保护领导小组或环境保护办公室。1974 年，经国务院批准正式成立国务院环境保护领导小组，这是我国成立的第一个环境保护工作职能部门，为环保机构的建立奠定了基础。1978 年，成立了设在国家建委之下的国务院环境保护领导小组办公室②，同年 12 月以后，各省市的环境保护办公室由政府的三级机构上升为一级机构，突出其重要性。1988 年 4 月，七届全国人大第一次会议审议批准了国务院机构改革方案，确定国家环境保护局为国务院直属机构。至此，经过不断变迁，环境治理有了专门的机构。

在这一时期，涉及环境管理的组织还有如下一些部门。

第一，绿化委员会。1982 年 2 月，国务院为加强对全民义务植树活动的组织领导，决定成立中央绿化委员会，1988 年改称为全国绿化委员会，全国绿化委员会是国务院设立的负责统一组织领导全民义务植树和全国城乡造林绿化工作的行政机构，具有法定的行政

---

① 曲格平. 我与中国的环境保护［M］. 北京：中国环境科学出版社，2010：4.

② 刘静. 中国特色社会主义生态文明建设研究［D］. 北京：中共中央党校，2011：96.

管理职能。全国绿化委员会办公室是全国绿化委员会的常设办事机构，设在国务院林业行政主管部门，该部门的主要负责人担任全国绿化委员会办公室主任。

第二，“五讲四美三热爱”委员会。20 世纪 80 年代，一些学校开展“五讲四美三热爱”活动，其中“四美”就包含“环境美”。1983 年 3 月，中央成立了以万里为主任的“五讲四美三热爱”委员会，各省、市、自治区也分别成立了相应的机构。这一活动是建设社会主义精神文明的内容之一。

第三，爱国卫生运动委员会。党的十一届三中全会以来，爱国卫生运动进入了一个新的历史时期。1978 年 4 月 3 日，党中央、国务院决定重新成立中央爱国卫生运动委员会，李先念任主任委员。党的十一届三中全会后，《中华人民共和国宪法》第二十一条明确规定“开展群众性卫生工作，保护人民健康”。[①] 在六届全国人大一次会议上的《政府工作报告》中指出，“开展群众性的爱国卫生运动，有效地防止传染病和地方病”[②]。1978 年 4 月，国务院发出《关于坚持开展爱国卫生运动的通知》，要求各地爱国卫生运动委员会及其办事机构，把卫生运动切实领导起来。1989 年 3 月 7 日，国务院颁布了《关于加强爱国卫生工作的决定》，进一步明确了新时期爱国卫生和防治疾病工作的基本方针和方法：政府组织，地方负责，部门协调，群众动手，科学治理，社会监督[③]。爱国卫生运动委员会办公室是具体办事机构，担负着委员会日常的组织协调、督导检查、承上启下的参谋作用的工作任务。为了适应改革开放的需要，1989 年中央爱国卫生运动委员会更名为“全国爱国卫生运动委员会”。

（二）明确环境保护机构的职责

1979 年颁布的《环境保护法（试行）》，首次从法律层面规定我国环境保护行政管理机构及其相应职责，国务院设立环境保护机

---

① 全国人民代表大会常务委员会法制工作委员会. 中华人民共和国法律汇编（1979—1984）[M]. 北京：人民出版社，1985：10.

② 全国人民代表大会常务委员会办公厅. 中华人民共和国第六届全国人民代表大会第一次会议文件汇编［M］. 北京：人民出版社，1983：33.

③ 张宏儒，等. 中华人民共和国大事典（1949—1988）［M］. 北京：东方出版社，1989：529.

构；省、自治区、直辖市人民政府设立环境保护局；市、自治州、县、自治县人民政府根据需要设立环境保护机构；国务院和地方各级人民政府的有关部门，大、中型企业和有关事业单位，根据需要设立环境保护机构，分别负责本系统、本部门、本单位的环境保护工作。1982 年的第五届全国人民代表大会常务委员会第二十三次会议决定，将国家基本建设委员会、国家城市建设总局、国家建筑工程总局、国家测绘局的部分机构与国务院环境保护领导小组办公室合并，组建城乡建设环境保护部，部内设环境保护局，实现环境保护职能部门第一次跳跃。1984 年 5 月 8 日成立国务院环境保护委员会，办事机构设在城乡建设环境保护部（由环境保护局代行），12 月城乡建设环境保护部改为国家环境保护局，仍归城乡建设保护部领导。1988 年 7 月隶属于城乡建设环境保护部领导的国家环境保护局独立出来，成为国务院直属局，正式更名为国家环境保护局（副部级），为环境管理与环境执法提供了可靠的组织保障，实现环境保护职能部门第二次跳跃。

三、小结

在党的第二代领导集体的共同努力下，我国环境保护已经上升至法律和制度层面，用制度保护生态环境的发展战略已全面贯彻落实。总的来看，这一时期，我国将保护生态环境的任务提升至国家政策、制度建设层面，无论从环境法律的制定，还是环境管理专门机构的设立，都预示着我国环境保护进入新阶段，也标志着我国生态文明制度建设的日趋成熟。特别是 1980 年以后，我国的环境立法得到飞速发展，在较完备的环境法律下，环境污染的防治和自然资源的保护均取得了长足的进步。截至 1993 年，全国人大常委会已颁布十几部环境和资源保护法律，主要有《中华人民共和国环境保护法》（1979 年制定，1989 年修改）、《中华人民共和国海洋环境保护法》（1982 年）、《中华人民共和国水污染防治法》（1984 年）、《中华人民共和国大气污染防治法》（1987 年）、《中华人民共和国森林法》（1984 年）、《中华人民共和国草原法》（1985 年）、《中华人民共和国水土保持法》（1991 年）等。同时，国务院颁布并实施了 20 多项行政法规，如《中华人民共和国防止船舶污染海域管理条例》

（1982年）、《中华人民共和国海洋石油勘探开发环境保护管理条例》（1983年）、《中华人民共和国海洋倾废管理条例》（1985年）、《水土保持工作条例》（1982年）等。1989年12月全面修订后的《环境保护法》正式通过并施行。作为我国的基本法，《环境保护法》对我国生态环境保护发挥了巨大的影响，为我国相关环境法律的制定打下了坚实基础。

伴随改革开放，此时的环境保护也已走出国门，开启环境保护国际合作的新模式，这也是本阶段环境保护制度呈现的国际化特征。20世纪80年代至90年代初，我国加入了多个世界性的环境保护组织，并参与多个国际环境公约。1980年与美国签订了《中美环境保护科技合作协议书》；参加了1985年的《防止倾倒废物及其他物质污染海洋的公约》和1989年的《保护臭氧维也纳公约》；签订了1991年的《关于消耗臭氧层物质的蒙特利尔议定书》；1989年第十五届联合国环境署理事会提出了可持续发展战略，进一步加强了生态环境的高科技综合治理的作用，促进我国环保事业的积极健康发展；1992年环境与发展大会上通过了被普遍接受的可持续发展战略——《21世纪议程》，我国率先制定了《中国21世纪议程》，在世界环境与发展领域影响不断扩大。①

这一阶段，党的第二代领导集体以“立法、定制”总思路为总抓手加快环境保护，回应了社会主义国家通过制度推进生态环境保护的重大理论问题，更明确了如何推进环境保护制度化、科学化等重大实践问题，在改善和优化生态环境的实践中指导着生态环境保护的制度建设，极大地提高了生态环境保护的制度化水平，为进一步从制度层面建设生态文明提供了坚实的理论支撑和必要的实践指导。总的来看，这一时期，解决环境问题的特点体现在依靠行政命令治理环境，强制企业和人民参与环境保护活动，带有浓厚的计划经济烙印。改革开放之初，对于环境问题的解决深受我国当时计划经济体制的影响，国家在生产、分配以及产品消费各方面都有绝对主导权，企业的生产数量、生产品种、价格以及企业的生产要素供给与产品的销售都处于政府计划部门和有关行政主管机构的控制之

---

① 杨志，等. 中国特色社会主义生态文明制度研究［M］. 北京：经济科学出版社，2014：61.

下。计划经济体制体现在环境保护方面能够使得环境保护的政策指令顺利执行，党和国家环境保护的意志也会很快得到贯彻和落实。但是，很多地方政府在解决环境问题时简单粗暴，不管企业的实际情况和愿望诉求，任意划定限期治理的时间表，对规定时间内完不成限期治理指标或任务的企业要么罚款，要么勒令搬迁，要么强制关闭，一定程度上挫伤了企业经营的积极性，也影响了地区社会秩序的稳定。

第三节　发展期：贯彻可持续发展的关键期（20 世纪 90 年代——党的十六大）

20 世纪 90 年代以后，环境问题趋于国际化，世界各地出现的环境污染愈发引起各国对于环境问题的关注。1987 年世界环境与发展委员会在《我们共同的未来》的报告中正式使用了可持续发展概念，并对之作出了比较系统的阐述。1992 年联合国在里约热内卢召开“环境与发展大会”，通过了以可持续发展为核心的《里约环境与发展宣言》《21 世纪议程》等文件，再次呼吁全人类共同关注环境问题。各国共同签署的一系列文件更开启了环境保护国际合作的大门。以此为契机，中国生态文明及其制度建设迈入新阶段，由单纯的污染防治全面转向环境综合治理和生态环境建设上来，生态文明制度由“环境保护”阶段向“可持续发展”阶段推进。这段时期保护环境的各项工作最突出的特点是以可持续发展理念为核心，将保护环境融入到经济发展层面，提出调整产业结构和改变消费方式是保护环境的重要途径。

一、明确提出可持续发展理念

发展是人类的共同追求，是人类生存的永恒主题。人们对发展的认识是随着社会实践的演进而不断深化的。选择何种发展道路直接关系到一个国家的生态状况及经济社会发展的持续能力。传统意义上的发展主要是以经济生产总值的增长为主要指标，以工业化为基本内容。在这种发展理念的影响下，第二次世界大战之后，在全世界普遍形成了经济增长高潮。世界各国单纯追求经济高速增长，从而引发新的矛盾，出现了环境污染和生态恶化等一系列问题。面对层出不穷的问题，人们开始反思发展道路，并试图寻找一种不同于传统工业化发展方式的新发展模式，也就是 20 世纪 80 年代的可持续发展理论。

（一）可持续发展的提出

“可持续性”并不意味着一种持续增长的经济模式，而是指对资源的开发利用保持在生态系统的承受能力范围内，并且未对生态系统造成永久性破坏的经济模式。① 因此，从这个意义上看，可持续发展理念是对传统一味追求经济发展速度发展理念的替代。20 世纪末 21 世纪初，我国改革浪潮推进，经济发展迅速，人民不断追求经济增长的思路已大大超过对资源环境保护的意愿，过度的开采和利用引发了人同自然、资源、环境关系的高度紧张，给经济社会发展带来巨大影响。据估算，每年水体污染造成的经济损失超过四百亿元，大气污染造成的经济损失三百多亿元，固体废弃物和劣质农药造成的损失二百多亿元，三项合计共九百多亿元。② 在严峻的现实状况下，江泽民同志提出“可持续发展”。在他看来，盲目、短期的发展短时间会带来高速增长，但会对未来造成许多问题，人口增长、环境保护、资源节约等要与经济发展相协调，要良性循环，实现发展的可持续化。此后有关环境保护的立法文件中增加了可持续发展理念。这一阶段，中国以可持续发展为核心，不断完善环境治理理念及其制度体系。

作为国家战略，可持续发展尽管是在联合国环境与发展大会上提出的，但是作为一种理念早已在我国出现。1962 年，周恩来在对全国林业工作的指示中，就非常明确地提到了森林资源要做到“青山常在、永续利用”，这可以说是中国可持续发展理念的思想萌芽。

---

① 唐纳德·休斯. 世界环境史：人类在地球生命中的角色转变 [M]. 北京：电子工业出版社，2014：1.

② 国家环境保护总局，中共中央文献研究室. 新时期环境保护重要文献选编 [M]. 北京：中央文献出版社，2001：172.

1987 年世界环境与发展委员会提出的“可持续发展”思想——既满足当代人的需要，又不对后代人满足需要的能力构成威胁，正是“永续利用”思想的体现。[①] 1992 年，中国政府向联合国环境与发展大会提交的《中华人民共和国环境与发展报告》，系统回顾了中国环境与发展的过程与状况，同时阐述了中国关于可持续发展的基本立场和观点。同年 8 月，中国政府制定“中国环境与发展十大对策”，提出走可持续发展道路是中国当代以及未来的选择。1993 年在我国召开的“中国 21 世纪国际研讨会”上宣布了我国实施可持续发展战略的构想。1994 年中国政府制定完成并批准通过了《中国 21 世纪人口、环境与发展白皮书》，确立了中国 21 世纪可持续发展的总体战略框架和各个领域的主要目标，首次把可持续发展战略纳入我国经济和社会发展的长远规划。该文件专设“与可持续发展有关的立法与实施”一章，指出：“与可持续发展有关的立法是可持续发展战略和政策定型化、法制化的途径，与可持续发展有关的立法的实施是把可持续发展战略付诸实现的重要保障。在今后的可持续发展战略和重大行动中，有关立法和法律法规的实施占重要地位。”[②] 在此之后，国家有关部门和很多地方政府也相应地制定了部门和地方可持续发展实施行动计划。在 20 世纪 90 年代，江泽民同志深切地感受到，环境保护是关系我国长远发展的全局性战略问题，党中央不断意识到可持续发展的重要性。正如江泽民同志所说，“我们所以坚持这样做，就是因为这些工作实在太重要了，而且任务艰巨，必须抓得紧而又紧。”[③] 从 1991 年起，我国始终坚持把可持续发展作为基本国策，中央每年都召开专门会议研究人口、资源、环境问题。1995 年 9 月在中共十四届五中全会上的讲话中，江泽民指出，“在现代化建设中，必须把实现可持续发展作为一个重大战略，把控制人口、节约资源、保护环境放到重要位置，使人口增长和社会生产

---

① 国家环境保护总局，中共中央文献研究室．新时期环境保护重要文献选编［M］．北京：中央文献出版社，2001：177.

② 中国 21 世纪议程——中国 21 世纪人口、环境与发展白皮书［M］．北京：中国环境出版社，1994：12.

③ 江泽民．江泽民文选：第三卷［M］．北京：人民出版社，2006：461.

力发展相适应，使经济建设与资源环境相协调，实现良性循环。”① 1996 年 3 月，我国发布《国民经济与社会发展“九五”计划和 2010 年远景目标纲要》，首次将可持续发展战略列为国家基本战略。同年 7 月，在全国第四次环境保护会议的讲话上，江泽民指出“在社会主义现代化建设中，必须把贯彻实施可持续发展战略始终作为一件大事来抓”②。1997 年党的十五大报告中再次明确“我国是人口众多、资源相对不足的国家，在现代化建设中必须实施可持续发展战略”③，将可持续发展置于国家发展的重要位置。与此同时，中国加强了可持续发展有关法律法规体系的建设及管理体系的建设工作。2002 年，江泽民同志在中央人口资源环境工作座谈会上强调，一定要高度重视并切实解决经济增长方式转变的问题，按照可持续发展的要求，正确处理经济发展同人口、资源、环境的关系，促进人和自然的协调与和谐，努力开创生产发展、生活富裕、生态良好的文明发展道路。④ 在中国共产党第十六次全国代表大会上，江泽民同志指出，必须把可持续发展放在十分突出的地位，坚持计划生育、保护环境和保护资源的基本国策。稳定低生育水平，合理开发和节约使用各种自然资源。抓紧解决部分地区水资源短缺问题，兴建南水北调工程，实施海洋开发，搞好国土资源综合整治。树立全民环保意识，搞好生态保护和建设。⑤

2002 年，中国政府向可持续发展世界首脑会议提交了《中华人民共和国可持续发展国家报告》，该报告全面总结了自 1992 年特别是 1996 年以来，中国政府实施可持续发展战略的总体情况和取得的成就，阐述了履行联合国环境与发展大会有关文件的进展和中国今后实施可持续发展战略的构想，以及中国对可持续发展若干国际问题的基本原则立场与看法。事实上，自 1992 年联合国环境与发展大

① 江泽民. 江泽民文选：第一卷［M］. 北京：人民出版社，2006：463.

② 江泽民. 江泽民文选：第一卷［M］. 北京：人民出版社，2006：532.

③ 江泽民. 高举邓小平理论伟大旗帜 把建设有中国特色社会主义事业全面推向 21 世纪［M］. 北京：人民出版社，1997：31.

④ 江泽民. 江泽民文选：第三卷［M］. 北京：人民出版社，2006：462.

⑤ 江泽民. 全面建设小康社会 开创中国特色社会主义事业新局面［M］. 北京：人民出版社，2002：22-23.

会以来，可持续发展在中国已经从理念层面走向实践层面，在国家建设的各个领域都取得了突出的成就，特别是在经济、社会全面发展和人民生活水平不断提高的同时，人口过快增长的势头得到了控制，自然资源保护和生态系统管理得到加强，生态建设步伐加快，部分城市和地区环境质量有所改善。[①] 截至 2001 年底，国家制定和完善了人口与计划生育法律 1 部，环境保护法律 6 部，自然资源管理法律 13 部，防灾减灾法律 3 部。国务院制定了人口、资源、环境、灾害方面的行政规章一百余部，为法律的实施提供了一系列切实可行的制度。全国人大常委会专门成立了环境与资源保护委员会，在法律起草、监督实施等方面发挥了重要作用。

（二）可持续发展的内涵

可持续发展理论是一个复杂的系统，其内容涉及可持续发展问题的方方面面。关于可持续发展概念的界定，不同的学术流派或对相关问题有所侧重，或强调可持续发展的不同属性。例如，有的着重从自然属性定义，认为可持续发展就是保护和加强环境系统的生产和更新能力；有的着重从社会属性定义，认为可持续发展就是在不超出生态系统涵容能力的情况下提高人类的生活质量；有的着重从经济属性定义，认为可持续发展就是在保持自然资源的质量和其所提供服务的前提下，使经济发展的净利益增加到最大限度；有的着重从科技属性定义，认为可持续发展就是建立极少产生废料和污染物的工艺或技术系统；等等。[②] 1997 年的党的十五大报告中把可持续发展战略确定为我国“现代化建设中必须实施”的战略。下面我们从三个方面粗略地介绍该理论的基本内容。可持续发展主要包括社会可持续发展、生态可持续发展和经济可持续发展。

第一，社会可持续发展。在社会可持续发展方面，可持续发展要求人类社会能够广泛地分享发展带来的积极成果。特别是要致力于解决当前世界上大多数人的贫困或半贫困状况，只有消除贫困才会真正具有保护和建设地球生态环境的能力。可持续发展强调世界各国的发展阶段可以不同，发展目标可有差异，但发展的内涵均应

---

① 本书编写组. 科学发展观青年学习读本［M］. 北京：人民出版社，2004：260.

② 陈金清. 生态文明理论与实践研究［M］. 北京：人民出版社，2016：160.

包括创造一个保障所有人食物和住房、健康和卫生、教育和就业、平等和自由、安全和免受暴力的社会环境。

第二，生态可持续发展。在生态可持续发展方面，可持续发展要求发展与资源和环境的承载能力相协调。发展的同时必须保护和改善地球生态环境，保证以持续的方式使用地球上的各种资源，使人类的发展控制在地球的承载能力之内。这意味着，发展要有限制、要讲适度，没有限制、不讲适度就没有发展的持续。生态可持续发展同样强调环境保护，但不同于以往环境保护与经济发展互相隔离甚至对立的做法，可持续发展要求通过转变经济发展方式，从根本上解决环境问题。

第三，经济可持续发展。在经济可持续发展方面，可持续发展鼓励经济增长而不是以环境保护为名取消经济增长，因为人类要继续生存下去，促进经济增长仍然是第一要务。但是，经济增长不能以牺牲环境为代价。可持续发展要求改变传统的生产模式和消费模式，实施清洁生产和文明消费，以提高经济活动的效益、节约能源和减少废物。从某种角度上可以说，集约型的经济增长方式就是可持续发展在经济方面的体现。

（三）可持续发展的重要意义

实行长期可持续发展战略，是我国“九五”时期和21世纪现代化建设的必然要求，也是唯一正确的战略选择。可持续发展战略正确处理经济建设和人口、资源、环境的关系，对我国现代化建设具有十分重要的贡献和深远的意义。

首先，可持续发展观肯定了发展的必要性。从邓小平的发展是硬道理，到江泽民的“三个代表”重要思想，到胡锦涛的科学发展观，再到习近平提出的新发展理念，是马克思主义关于发展理论在国家实践中的发展。中国解决所有问题的关键要靠自己的发展。增强综合国力，改善人民生活；巩固和完善社会主义制度，保持稳定局面；顶住霸权主义和强权政治的压力，维护国家主权和独立；从根本上摆脱经济落后状况，跻身于世界现代化国家之林，都离不开发展。[①] 只有发展才能使人们摆脱贫困，提高生活水平。只有发展才能为解决生态危机提供必要的物质基础，才能最终打破贫困加剧和环境破坏的恶性循环。可持续发展战略，是经济建设与人口、社会、环境和资源相互协调的发展观，是既能满足当代人的需求而又不对满足后代人需求的能力构成危害的发展战略。

其次，可持续发展观揭示了发展与环境的辩证关系。人类的生产实践和生活实践证明，只有保护人类赖以生存的自然环境，正确处理发展与环境的关系，保持经济发展与环境保护的均衡状态，才能获得尽可能多的生产资料和生活资料。环境保护需要经济发展提供资金和技术，环境保护的好坏也是衡量发展质量的指标之一。经济发展离不开环境和资源的支持，发展的可持续性取决于环境和资源的可持续性。我们关注环境，实际上也就是关注我们人类自身。只有同自然、资源和谐相处，人类才能不断向前发展。因此，我们必须正确处理资源和发展的关系，学会与自然和谐相处。可持续发展强调环境保护、节约资源，正是为了促进人与自然和谐发展，而且追求人与自然的和谐也是可持续发展的基本内涵。

最后，可持续发展凸显了资源分配的代际分配公平性。从经济学角度看，用于经济增长的资源称为有限资源[②]，可以分为可再生资源和不可再生资源。有限资源在本代人之间的分配，我们称之为代内分配；有限资源在本代人与后代人之间的分配，我们称之为代际分配。代内分配的公正平等强调任何国家、任何地区和任何人的生存与发展不能以损害其他国家、地区和人的生存与发展为代价，我们不应该使任何人因缺乏生活必需的资源而陷入难以生存的境地，这是不道德的；代际分配的公正平等强调在生存和发展的问题上要公正地对待下一代，当代人的生存与发展不能以损害后代人的生存与发展的能力为代价，我们应当较多地考虑留给后代人的部分，不能使后代人因缺乏生活必需资源而陷入难以生存的境地，当代人为后代人应提供至少和自己从前人那里继承的一样多甚至更多的财富。

---

① 中共中央文献研究室. 毛泽东、邓小平、江泽民论科学发展［M］. 北京：中央文献出版社，2009：74.

② 周莲芳. 论可持续发展战略实施的伦理意义［J］. 学术交流，2001（6）：68.

可持续发展提出人们在满足当前自己需要时不应该削弱子孙后代满足其需要的能力，一部分人的发展不应损害另一部分人的利益。这里说明可持续发展不仅本身内在蕴含伦理道德的基本因素，也说明了当代人和后代人在生存和发展中应该遵守的伦理准则，以保证人人都能公平公正地获得生存权利和使用资源的权利。如果本代人对有限资源的使用减少了后代人对该类资源的使用，从而给后代人带来了损失；或者，本代人出于短期发展对有限资源的使用减少了本代人长期发展对该类资源的使用，从而影响了本代人的发展权利。这些都是没有遵循可持续发展观，也违背了代际公正的原则。

二、加快生态环境保护法制化建设进程

江泽民同志曾多次强调环境保护法制化的重要性，指出环境保护必须以完善的制度保障为前提，强调“要完善人口资源环境方面的法律法规，为加强人口资源环境工作提供有力的法律保障，促进人口资源环境工作走向法制化、制度化、规范化、科学化的轨道”①，要加快环境保护的法制化进程。从 20 世纪 70 年代至 90 年代，国务院先后召开了四次全国环境保护会议，国家也已经形成了一整套符合我国国情的环境保护法律，以及环境管理制度和办法，先后颁布多部法律，加大威慑力和惩戒力度②。环境保护的法制化建设深入开展。

（一）确立依法治国的基本方略

党的十五大报告指出：“依法治国，就是广大人民群众在党的领导下，依照宪法和法律规定，通过各种途径和形式管理国家事务，管理经济文化事业，管理社会事务，保证国家各项工作都依法进行，逐步实现社会主义民主的制度化、法律化，使这种制度和法律不因领导人的改变而改变，不因领导人看法和注意力的改变而改变。”③

① 国家环境保护总局，中共中央文献研究室. 新时期环境保护重要文献选编［M］. 北京：中央文献出版社，2001：632.

② 江泽民. 江泽民文选：第一卷［M］. 北京：人民出版社，2006：532.

③ 中共中央文献研究室. 十五大以来重要文献选编（上）［M］. 北京：人民出版社，2000：30-31.

并且强调，依法治国，是党领导人民治理国家的基本方略，是发展社会主义市场经济的客观需要，是社会文明进步的重要标志，是国家长治久安的重要保障。依法治国的提出，不仅继承了邓小平关于发展社会主义民主必须健全法制，使民主制度化、法律化的基本思想，而且使这一思想上升到一个新的高度，即从治国方略和治国目标的高度确立法律在国家生活中的权威，将法治作为治理国家的基本方式之一，将国家的政治生活和社会生活纳入法制的轨道。这标志着社会主义国家治理方式的重大进步，对 21 世纪我国经济发展、政治民主和社会全面进步产生广泛而深远的影响。确立依法治国，建设社会主义法治国家的治国方略，不仅拓展了社会主义政治文明的科学内容，而且也为环境法治化建设指明了方向。

在依法治国方略的指引下，我国加快了环境保护的相关立法工作，环境保护的法律法规日益完善，不仅颁布了《中华人民共和国环境保护法》《中华人民共和国大气污染防治法》《中华人民共和国森林法》《中华人民共和国海洋环境保护法》《中华人民共和国水污染防治法》等多部法律，而且在《中华人民共和国刑法》中增加了"破坏环境和资源保护罪"，坚决严格惩处破坏资源环境的行为，从立法及执法上完善了我国环境保护的法律体系。然而，看到取得的成绩，我们也应意识到，尽管我国环境保护的立法有了长足进步，但面对社会主义市场经济发展的新需要，环境保护工作仍面临着巨大挑战和问题。由于环境保护是涉及政治、经济、文化各个领域，关乎生产、分配、交换、消费各个层面的复杂工程，需要协调各方利益，因此，通过建立更为完备的更加科学的规章制度以增进各领域之间法律的协调性，提高法律中各项环境保护制度的执行效果，使法律法规真正服务于民，使环境保护真正落实于地，切实推进依法治国的环境保护工作。

（二）加强环境保护的法律制度建设

环境法制是社会主义法治建设的重要组成部分，是将环境保护基本国策融入市场经济的重要方式。1989 年召开的第三次全国环境保护会议，评价了当前的环境保护形势，提出加强制度建设，深化环境监管，向环境污染宣战，促进经济与环境协调发展。会议通过了两份重要文件和两个指导性的工作目标。这两份文件是《1989—1992年环境保护目标和任务》和《全国2000年环境保护规划纲要》。会议形成了“三大环境政策”，即环境管理要坚持预防为主、谁污染谁治理、强化环境管理三项政策。“预防为主”的指导思想是指在国家的环境管理中，通过计划、规划及各种管理手段，采取防范性措施，防止环境问题的发生；“谁污染谁治理”原则，是指对环境造成污染危害的单位或者个人有责任对其污染源和被污染的环境进行治理，并承担治理费用；“强化环境管理”的主要措施包括：制定法规，使各行各业有所遵循，建立环境管理机构，加强监督管理。此外，会议认真总结了实施建设项目环境影响评价、“三同时”、排污收费三项环境管理制度的成功经验，同时提出了五项新的制度和措施，形成了我国环境管理的“八项制度”，推动环境保护工作上一新的台阶。

1992年，国务院颁布《城市绿化条例》，把城市绿化建设正式纳入国民经济和社会发展计划中。1994年3月，国务院正式颁布并实施《中国21世纪议程》。1996年，第四次全国环境保护会议确定实施《跨世纪绿色工程规划》《污染物排放总量控制计划》，坚持生态保护与污染防治并重。1997年，在中央计划生育和环境保护工作会议上的讲话中，江泽民指出：“我国已经初步建立了符合国情的环境保护法律体系”①。同年，《关于推行清洁生产的若干意见》颁布，文件将清洁生产纳入各地环保部门的已有环境管理政策。1998年，我国颁布《全国生态环境建设规划》，文件正式启动了一系列生态环保重大工程。1999年，国家环保局开展还草工程试点及退耕还林工作。2000年，国家全面启动天然林保护工程并印发《全国生态环境保护纲要》。同年，在中央人口资源环境工作座谈会上，江泽民就人口资源环境问题发表重要讲话，提出要完善人口、资源环境等方面的法律法规，为加强人口、资源环境工作提供法律保障，加快人口、资源环境工作的法制化、规范化和制度化进程。江泽民指出，“我们要不断完善社会主义市场经济体制下的环境保护法律体系，为加强

① 国家环境保护总局，中共中央文献研究室. 新时期环境保护重要文献选编［M］. 北京：中央文献出版社，2001：455.

环境保护工作提供强有力的法律武器。”① 此外，环境法律制度也要根据环境保护具体情况的不同适时做出调整，针对不同时期、不同领域的环境保护工作呈现的不同特点，与时俱进地完善环境保护的法律制度体系，使之更加符合环境保护工作的要求。

加强环境保护法制建设是不断把环境保护事业向前推进的重要保证。1996 年 7 月，国务院召开第四次全国环境保护会议。李鹏在会议上指出，必须加强法制建设，要把环境保护建立在法制的基础上。依据当时实际，有关环境保护的法律、法规已经确立，除了有些需要继续完善之外，关键在于严格执法，依靠法律法规来引导、推进和保障环境保护事业的发展。各级政府和有关部门，要切实履行自己的职责，加大环境行政执法力度，坚决扭转有法不依、执法不严、违法不究的现象。要使每个单位、每个人都知道，环境保护法是国家的重要法律，是必须严格执行的。环境标准是环境法律体系的组成部分，环境质量标准和污染物排放标准都属于强制性标准。对那些污染严重、达不到环境保护标准的企业，要坚决限期治理和达标；污染严重而治理无望的，要坚决关停。力争到 2000 年全国工业废水和烟尘排放达到标准。对于违反环境保护法律法规，造成严重后果的单位和个人，要坚决依法查处，构成犯罪的要依法追究刑事责任。

环境保护关系到每一个人的利益，环境保护事业是千百万群众的切身事业，大家都有保护环境的责任。因此，一方面要在加强立法和执法的同时，要进一步加强环境宣传教育；另一方面，也要建立相应的制度，保障宣传教育的成效落地。让人民群众意识到保护环境是每个公民的义务，并逐步形成公众参与环境保护监督管理的机制，建立公众环境投诉制度，使群众有反映情况和问题的正常渠道，依法维护自身的环境权益。同时，也要注意发挥新闻媒介的监督作用，继续开展“中华环保世纪行”，组织好每年的“世界环境日”等多种形式的宣传活动，表扬环境保护先进典型，提高全民环境意识和法制观念，促进全社会形成自觉爱护环境、遵守环境法律

---

① 国家环境保护总局，中共中央文献研究室. 新时期环境保护重要文献选编［M］. 北京：中央文献出版社，2001：289.

法规的良好风尚。①

（三）推动环境保护的国际合作

进入20世纪80年代中后期以来，环境问题逐渐超越了国界成为世界性的议题。臭氧层破坏、温室效应、酸雨污染、生物多样性锐减、海洋污染等关系到全球的生态安全和人民的福祉，需要国际社会携手治理。环境保护俨然已经成为国际社会关注的热点，深刻影响着国际政治经济关系的发展。江泽民同志从维护和平、促进发展、推动建立公正合理的国际秩序和人类的长远利益出发，对中国参与全球环保国际合作发表了一系列重要论述，在国际社会产生了积极影响，是我们做好环境对外交流与合作的指导思想。

1992年6月3日—14日，联合国环境与发展大会在里约热内卢举行，宋健率中国代表团与会。6月8日，宋健在会上发表讲话，阐述中国政府关于建立“新的全球伙伴关系”的基本原则。11日，李鹏代表中国政府签署《气候变化框架公约》和《保护生物多样性公约》。12日，李鹏在大会首脑会议上发表讲话，阐述中国在环境与发展问题上的立场。在此次发展大会之后，我国在世界上率先提出了《环境与发展十大对策》，第一次明确提出转变传统发展模式，走可持续发展道路。随后又制定了《中国21世纪议程》《中国环境保护行动计划》等纲领性文件，可持续发展战略成为我国经济和社会发展的基本指导思想。

环境问题事关地球上每个国家人民的前途和命运。解决环境问题，维护和创造人类共同的家园，是各国人民的共同愿望，也是各国政府的责任所在。中国作为世界上最大的发展中国家和环境大国，参与国际环境合作，不仅可以扩大开放，学习国外先进经验，吸取教训，少走弯路，而且能够引进资金和技术，同时又能提高我国在国际环境事务中的地位，扩大国际影响。江泽民同志多次强调，“中国政府愿意进一步加强在环境保护方面与国际社会的广泛合作，中国政府愿意把环境建设搞好，为保护全球的环境作出贡献”。这是中国向全世界作出的庄严承诺，充分表明了中国在保护全球环境方面

① 中共中央文献研究室．十四大以来重要文献选编（下）［M］．北京：人民出版社，1999：1981－1982．

是一个负责任的国家，展示了中国的诚意和决心。2000年，江泽民同志正式签署联合国“千年发展目标”（The Millennium Development Goals），提出构建全面小康社会和社会主义和谐社会，展现出我国把改善民生、加强社会管理、促进经济社会和谐发展作为发展的重中之重的决心，着力增强对弱势群体的基本公共服务如教育、医疗、社会保障等，改善弱势群体的生存环境，力求使十几亿人能够共同参与发展的机会，共同提高发展的能力，共同提高发展的水平，共同分享发展成果，进一步彰显社会主义制度的优越性。

三、小结

环境问题的出现倒逼环保制度改革的推进。此阶段处于我国改革开放进一步深化发展时期，社会主义市场经济体制的逐步确立，极大地激发了人民投身经济建设热情，经济发展优先的思想逐步激化了人与资源、环境的矛盾。这一时期环境保护最突出的特点就是将可持续发展理念融入经济社会发展的各个领域。在农业工作会议中，强调“要加强对农业的保护，包括农产品价格保护、耕地保护、农村生态环境保护、灾害援助等”①；在国有企业改革中，提出破产、关闭浪费资源、技术落后、质量低劣、污染严重的小煤矿、小炼油厂、小水泥厂、小玻璃厂、小火电厂等，处理好提高质量和增加产量、发展技术密集型产业和劳动密集型产业、自主创新和引进技术、经济发展和环境保护的关系，等等②。此外，在这一时期，党中央提出可持续发展的战略，提出转变经济增长方式、正确处理经济发展与人口、资源、环境的关系，促进人与自然的和谐发展。正如江泽民所指出，“我们讲发展，必须是速度与效益相统一的发展，必须是与人口、资源、环境相协调的可持续发展”③。这期间的实践也表明，特别是1995年后，中国的可持续能力总体呈现上升态势，

① 中共中央文献研究室. 十四大以来重要文献选编（上）[M]. 北京：人民出版社，1996：428.

② 中共中央文献研究室. 十五大以来重要文献选编（中）[M]. 北京：人民出版社，2001：1010-1019.

③ 江泽民. 江泽民文选：第二卷 [M]. 北京：人民出版社，2006：253.

“九五”期间，全国可持续发展能力年均增长率为0.63%①。中国迈进可持续发展的新阶段。

为何面对生态环境问题，不仅仅是某一国家的内部问题，更是一个全球性的问题的现实状况，江泽民同志审时度势地看到环境保护需要世界各国协同配合，中国愿意在公平、公正、合理的基础上承担生态责任，为全球生态保护作出应有的贡献。从这一时期起，中国积极加入一系列环境公约，努力为世界环境与发展事业奋斗。与此同时，我国必须坚持独立自主的外交原则，坚决反对所谓“环境外交”，以环保为幌子干涉别国内政的行为，这样既不利于发展中国家的正常发展，也不利于生态问题的解决。

第四节　完善期：建设中国特色社会主义生态文明的新时期（党的十六大——党的十八大）

党的十六大以来，工业化和城镇化进程加快，经济增速保持每年近10%。经过努力，我国已经从贫穷落后的国家一跃跻身于世界先进国家行列。在经济社会发展的同时，对资源能源的需求量迅速增加，经济发展和环境恶化的矛盾日益突出。自2002年以来，党中央、国务院把环境保护摆上更加突出和重要的战略位置，陆续提出循环经济、资源节约型、环境友好型社会、让江河湖泊休养生息、和谐社会、科学发展观、生态文明等思想，将人与自然的关系调控纳入国家发展战略之中，推进了环境保护工作，为探索中国环境保护新道路、新理念、新思路提供理论支撑。纵观此阶段，我国生态文明制度建设主要围绕科学发展观、加快转变经济发展方式和建设生态文明的新要求展开，一方面，通过完善环境保护法律体系、出台环保行政法规及地方性法规，夯实环境立法工作基础；另一方面，加快健全和完善环境政策体系，推动以行政方法保护环境逐步转向综合运用法律、经济、技术等必要的行政办法解决环境问题，开辟

① 中国科学院可持续发展战略研究组．2013中国可持续发展战略报告：未来10年的生态文明之路［M］．北京：科学出版社，2013：279.

生态文明建设新道路。

一、生态文明建设的提出

党的十七大报告首次提出“生态文明”的概念和历史任务。党的十八大将生态文明建设纳入“五位一体”总体布局，并提出“把生态文明建设放在突出地位，融入经济建设、政治建设、文化建设、社会建设各方面和全过程，努力建设美丽中国，实现中华民族永续发展”①。经济建设、政治建设、文化建设和社会建设同生态文明建设关系紧密。经济建设和生态文明建设相互促进、相互支撑。经济的可持续建设需要有物质和生产力的支持，而物质和生产力支持又来源于我们赖以生存的环境，只有加强生态文明建设，经济才能又好又快地发展；生态文明建设与政治建设也同样是相互支持、相互影响的，政治稳定和政治发展离不开良好的生态基础，而良好的生态基础又需要通过政治建设来维护；生态文明建设和文化建设之间的联系也十分密切，只有提高全民的生态文化素养，生态文明建设才能有更大的进步，而文化建设又内在蕴含着生态文化的思想。这样看来，生态文明建设并不是孤立进行的，是同经济建设、政治建设、文化建设、社会建设相互促进的，事关历史性、全局性的变化，是关系中华民族永续发展的根本大计。

（一）生态文明的基本内涵

纵观历史发展长河，人类的文明几乎都是与其自身的生产实践活动相伴而生的，体现着人与自然错综复杂的关系。人类文明大致经历了原始文明、农业文明和工业文明三个阶段。当人类文明进入工业文明以后，全球人口急剧膨胀、自然资源日趋短缺、生态环境日渐恶化等现象已经突显出来，打破了自然界的生态平衡和生态结构，正深刻地影响和改变地球生态系统的演变路径与方向，对人类生存安全构成了极其严峻的挑战。恩格斯对资本主义工业文明造成的环境破坏进行了详细的描述：“像波尔顿、普累斯顿、威根、柏

① 胡锦涛. 坚定不移沿着中国特色社会主义道路前进 为全面建成小康社会而奋斗［J］. 求是，2012（22）：18.

立、罗契得尔、密得尔顿、海华德、奥尔丹、埃士顿、斯泰里布雷芝、斯托克波尔特等城市到处都弥漫着煤烟。”① “除普累斯顿和奥尔丹外，位于曼彻斯特西北11英里的波尔顿算是这些城市中最坏的了……一条黑水流过这个城市，很难说这是一条小河还是一长列臭水洼。这条黑水把本来就很不清洁的空气弄得更加污浊不堪。”② 这些现象使人们越来越清醒地认识到，以污染环境和破坏生态换取一时经济繁荣的道路是行不通的。也正是这种清醒，推动着人类文明进行着一场深刻的变革。人们把追求人与自然和谐相处的研究和实践活动推上当今社会发展主旋律的位置，进而成为全球性的时代潮流。它预示着人类进入一个新的文明时代，即生态文明时代。生态文明不是主观臆想，而是历史发展的必然。

对于生态文明的内涵，可以从广义和狭义两方面界定。“广义上的生态文明是继工业文明之后，人类社会发展的一个新阶段；狭义上的生态文明是指文明的一个方面，即相对于物质文明、精神文明和制度文明而言，人类在处理同自然关系时所达到的文明程度。”③ 生态文明作为人类文明的新形式，以尊重自然、保护生态环境为宗旨，坚持可持续的发展原则。在改造客观物质世界的同时，也强调缓解人与自然对立的紧张关系，建立有序的社会运行机制与和谐的生态环境。笔者所理解的生态文明是人类继工业文明之后出现的一种新的文明形态，其基本理念是尊重自然、顺应自然、保护自然，核心价值指向就是要建立人与自然和谐统一的关系，其本质在于实现经济发展生态化，走绿色经济、循环经济、低碳经济发展道路，而政策制度生态化是根本保障④。

总的来看，作为人类文明发展史上的一个新阶段，生态文明以实现人与自然和谐发展为要求，始终把维护和尊重自然作为前提，深化建立可持续生产方式，注重带领人们走持续、和谐的发展道路。

---

① 马克思，恩格斯. 马克思恩格斯全集：第2卷［M］. 中共中央马克思恩格斯列宁斯大林著作编译局，编译. 北京：人民出版社：1957：323.

② 马克思，恩格斯. 马克思恩格斯全集：第2卷［M］. 中共中央马克思恩格斯列宁斯大林著作编译局，编译. 北京：人民出版社：1957：324.

③ 沈国明. 21世纪生态文明环境保护［M］. 上海：上海人民出版社，2005：1.

④ 秦书生. 生态文明论［M］. 沈阳：东北大学出版社，2013：13

一般来说，生态文明是指在处理好人、社会及自然三者平衡关系时，所得到的物质和精神成果的总和。生态文明作为一种文化伦理状态时，阐明了人与人、人与社会、人与自然三者之间的关系，即以互相和谐共生、良性循环、坚持全面发展、持续繁荣为基本宗旨，并在此种状态下共存。无论狭义还是广义，无论是人类文明发展形态还是社会发展形式，都将生态文明理解为一种蕴含有生态化思维方式、绿色化发展方式及制度化保障方式的新型文明形态，推动着人类社会的新发展。具体而言，生态文明的基本内涵包括生态思维观念、生态经济方式及生态文明制度保障等内容，主要包括以下三个方面。

首先，倡导整体性、和谐性的生态思维方式。生态思维源于哲学与生态学的融合，是随着人类思维方式的历史演变逐渐形成的，是适应生态文明时代要求的思维方式。生态思维强调尊重自然、顺应自然、保护自然、人与自然和谐发展的生态化思维方式。这种思维方式与生态文明相呼应，把人与自然、人与资源之间的关系列为发展的前提条件，考虑人类经济社会发展的同时，也要兼顾自然的循环、可持续发展能力。生态思维方式立足于生态学，是以哲学与生态学的结合角度解决人与自然关系问题的思维方式。生态思维方式区别于以往功利性的、片面追求经济效益的传统发展方式，具有整体统一、和谐生态化等思想内涵。生态思维方式是生态学在人类社会领域的现实应用，其产生遵循了马克思主义认识论的发展原则，是辩证思维发展的必然结果，是人类对人与自然关系认识的质的飞跃，为人类社会的发展进步提供了思维方式上的启迪，是生态文明观念的建设方针。

其次，强调绿色、低碳的生态经济模式。所谓生态经济，就是在经济和环境协调发展思想指导下，按照生态学原理、市场经济理论和系统工程方法，运用现代科学技术，形成生态上和经济上的两个良性循环，实现经济、社会、资源环境协调发展的现代经济体系。在不断扩大经济总量的同时，优化产业结构，逐步使经济结构趋于生态、绿色、环保，提高绿色生态产品在社会总产品中的比重，提高经济发展的生态含量。生态经济是区别于传统经济发展模式的新型经济形态，是一种低能耗、低排放、可持续发展的经济模式，以发展绿色经济、低碳经济，并推进生态产业化建设为其主要形式。这是一条既不为加速经济发展而牺牲生态环境，也不为单纯保护生态环境而放弃经济发展的路子，而是在生态文明观念指导下的绿色发展模式。这种新型的可持续经济发展模式提倡既要按照经济规律搞好建设，又要遵循生态规律搞好开发；既为当代人创建一流的生态环境和生存质量，又不损害后代人满足自身需要。①

最后，建设生态文明需要相应的制度为其作保障。经济社会的发展离不开制度的规范和保障。生态文明建设的各个方面的实施都需要相应的制度作依托才能得以实现。生态文明建设机制的确立和实施，也就是制度、法规、政策等，属于政治文明范畴，是生态文明建设的法制保障。党的十八大报告将“加强生态文明制度建设”作为建立美丽中国的重要内容，明确指出“保护生态环境必须依靠制度”。“制度是指在全社会形成或制定一切有利于支持、推动和保障生态文明建设的各种引导性、规范性和约束性的规定和准则的综合，它是一种合理的、进步的、科学的、合乎人类经济与社会发展规律的、有生命力的，以及人民大众所向往、追求与拥护的制度。其表现形式有正式制度（原则、法律、规章、条例等）和非正式制度（伦理、道德、习俗、惯例等）。”② 党的十八届三中全会通过的《中共中央关于全面深化改革若干重大问题的决定》中明确指出，“建设生态文明，必须建立系统完整的生态文明制度体系，实行最严格的源头保护制度、损害赔偿制度、责任追究制度，完善环境治理和生态修复制度，用制度保护生态环境。”③ 《决定》提出的建立完整的生态文明制度体系不是简单的制度的堆砌，而是覆盖生态文明建设方方面面的系统的生态文明制度体系。不仅要对自然资源本身进行保护，而且要从法律、法规中做到全方面严格的制度保障，从而建立从源头到过程直至惩处阶段的严格的制度保障体系，以确保

---

① 廖进球. 关于生态产业发展的几点思考［J］. 当代财经，2010（12）：86.

② 靳利华. 生态文明视域下的制度路径研究［M］. 北京：社会科学文献出版社，2014：311.

③ 本书编写组. 中共中央关于全面深化改革若干重大问题的决定［M］. 北京：人民出版社，2013：52.

生态文明制度建设的顺利实施。

（二）生态文明的基本特征

生态文明相对于传统的原始文明、农业文明和工业文明而言，是一种新型的文明形态。生态文明在经济、政治、文化、社会等领域内具有共同指导作用，为许多国家提供了治国方略。因此，科学地认识和分析生态文明的特征，对于顺利实现生态文明建设的目标，促进人类文明朝着生态文明的方向发展，具有十分重要的意义。有学者认为，生态文明的特征有阶段性、长期性、全面性、高效性、多样性、综合性、和谐性、持续性①。有学者把生态文明的特征概括为整体性、多样性、创新性②。有学者则“围绕支撑生态文明形态的价值体系、技术体系、产业体系、政府行为与法律制度、生产方式与生活方式等来揭示生态文明的基本特征”③。概括学者对生态文明特征的理解，生态文明的主要特征包括：思维方式的生态化、人与自然相协调和经济发展的可持续三个方面。

首先，思维方式的生态化。观念决定行动，思维方式是人们把握世界的方法论原则，是人们看待事物的角度、方式和方法，对人们的言行及其实践起到关键作用。面对当代严重的环境污染，循环经济、低碳经济的发展方式逐步兴起，人的价值观念由传统的粗放式发展思维转入生态化的思维方式。生态化的思维方式具有整体性和可持续性的特点，不仅考虑到经济效益，而且重视对资源的可持续利用。在生产方式上，主张循环生产，发展生态绿色技术；在消费方式上，主张绿色消费，购买具有可回收标志的环保产品；在生活方式上，主张低碳消费，以减少对环境的污染。生态化的思维方式规范着人们的行为，促进了绿色生产观念的发展，为生态文明建设奠定了科学的理论基础。

其次，人与自然和谐发展。生态文明不同于传统文明形态，这一新型的文明形态在处理人与自然关系上，主张和谐共生的发展理

---

① 黄国勤. 生态文明建设的实践与探索［M］. 北京：中国环境科学出版社，2009：5.

② 周敬宣. 可持续发展与生态文明［M］. 北京：化学工业出版社，2009：11.

③ 廖才茂. 论生态文明的基本特征［J］. 当代财经，2004（9）：10.

念。人是自然界的一部分，人类依赖于自然而存在，正如马克思所言："人本身是自然界的产物，是在他们的环境中并且和这个环境一起发展起来的。"① 自然是人类存在和发展的物质保障，人类应以尊重自然生态环境为人类发展前提；人与自然是和谐共生的关系，人类在开发利用自然的过程中不再以牺牲自然为代价获取利益，而要实现人与自然的和谐发展。马克思指出，"不以伟大的自然规律为依据的人类计划，只会带来灾难。"② 恩格斯也曾告诫我们，"不要过分陶醉于我们对自然界的胜利。对于每一次这样的胜利，自然界都报复了我们。"③ 马克思恩格斯都强调人与自然和谐发展。生态文明致力于建立不再以牺牲环境为代价的绿色发展模式，通过人与自然的良性循环实现人类的永续发展和自然的循环发展，最终实现人与自然共生的双赢局面。

最后，经济发展的可持续性。传统的工业文明在经济发展中，缺乏对经济建设可持续的认识，片面追求经济增长，最终忽视环境效益。生态文明的经济发展方式是可持续发展模式。因此，追求可持续发展是生态文明的重要特征。"所谓'可持续'是立足于人类永续发展的基础上，对人类所需要的资源等进行整体的统筹。横向上强调资源用度的合理性，纵向上追求资源节约、再生、替代的连续性。而在其他领域则追求制度保障的公正性，社会发展的和谐性，经济增长的稳定性，文化构建的共生性。"④ 生态文明建设将经济发展与环境发展以生态要素纳入整个生产活动中，注重资源的循环与再生，探究各种清洁生产、生态工程等方面的科学原理，综合考虑经济效益、社会效益、环境效益，节约利用资源，减少资源与环境的损耗，促进经济、社会、自然的良性循环。这样，既能够使经济

① 马克思，恩格斯. 马克思恩格斯选集：第3卷［M］. 中共中央马克思恩格斯列宁斯大林著作编译局，编译. 北京：人民出版社，1995：74.

② 马克思，恩格斯. 马克思恩格斯全集：第31卷［M］. 中共中央马克思恩格斯列宁斯大林著作编译局，编译. 北京：人民出版社，1972：251.

③ 马克思，恩格斯. 马克思恩格斯文集：第9卷［M］. 中共中央马克思恩格斯列宁斯大林著作编译局，编译. 北京：人民出版社，2009：559-560.

④ 李校利. 生态文明研究综述［J］. 学术论坛，2013（2）：54.

社会持续发展，又可避免科技与经济的发展对生态平衡的危害和对资源的滥用，从而保障人类社会永续、健康、和谐的发展。

（三）推进生态文明建设的重要意义

首先，推进生态文明建设是破解资源环境约束的有效途径。我国发展中不平衡、不协调、不可持续问题依然突出，经济增长受资源环境约束的情况越来越严重。随着工业化、城镇化的快速推进，经济总量不断扩大，人口继续增加，资源相对不足、环境承载力弱成为我国在新的发展阶段的基本国情。近年来，我国环境治理和生态保护取得积极成效，但水、大气、土壤等污染仍然严重，固体废物、汽车尾气、持久性有机物、重金属等污染持续增加，水土流失加重，天然森林减少，草原退化，生态系统更加脆弱。能源消费总量持续增加，能源利用效率不高。只有加强能源资源节约，发展循环经济，加强环境治理和生态建设，才能有效破解经济增长中的资源环境瓶颈制约。

其次，推进生态文明建设是转变经济发展方式的客观需要。发展与环境密不可分。究其本质，环境问题是发展道路、经济结构、生产方式和消费模式问题；环境承载力越来越成为经济发展规模和发展空间的主要制约因素，环境保护对加快经济发展方式转变具有保障、促进和优化作用。将环境保护的“倒逼机制”传导到结构调整和经济转型上来，才能更好地推动经济社会又好又快发展。

最后，推进生态文明建设是保障和改善民生的内在要求。环境保护是重大民生问题。环境保护直接关系人民生活质量，关系群众身体健康，关系社会和谐稳定。随着生活水平的提高，广大人民群众对干净的水、新鲜的空气、洁净的食品、优美的环境等方面的要求越来越高。我们必须秉持环保为民的理念，着力解决损害群众健康的突出环境问题，切实维护广大人民群众的环境权益。

二、生态文明制度的跨越式发展

健全的制度体系是建设生态文明的有力保证。完备的制度体系不仅是贯彻资源节约、环境保护国策的必然要求，也是约束企业生产和消费者消费行为的重要途径。党的十八大报告提出“加强生态文明制度建设。保护生态环境必须依靠制度。要把资源消耗、环境损害、生态效益纳入经济社会发展评价体系，建立体现生态文明要求的目标体系、考核办法、奖惩机制”①。以上关于生态文明制度建设的重要思路，开辟了中国生态文明制度建设的新道路。

（一）制定环境经济政策

随着社会主义市场经济体制的不断健全和完善，与之相适应的环境管理手段也逐渐市场化。在2006年第六次全国环境保护大会上，温家宝总理明确提出实现环境保护“三个转变”，要从主要用行政办法保护环境转变为综合运用法律、经济、技术和必要的行政办法解决环境问题，自觉遵循经济规律和自然规律，提高环境保护工作水平。环境经济政策是指按照市场经济规律的要求，运用价格、税收、财政、信贷、收费、保险和贸易等经济手段，调节或影响市场主体的行为，以实现经济建设与环境保护协调发展的政策手段。它以内化环境行为的外部性为原则，对各类市场主体进行基于环境资源利益的调整，从而建立保护和可持续利用资源环境的激励和约束机制。研究制定环境经济政策是环保部门参与国家宏观经济决策的重要突破口。

首先，明确从生产全过程制定环境经济政策的重要性。马克思主义政治经济学认为，任何社会的再生产过程都是由生产、分配、流通、消费四个环节构成的。从四个环节的关系来看，消费是目的，生产是手段，分配和流通是中间环节。环境问题贯穿这四个环节中，保护环境也必须落实到社会再生产的全过程。过去，我们的环境管理主要集中于生产领域，忽视了对分配、流通和消费领域的关注，环境利益分配不合理、灾难性交通事故频发和奢侈型消费现象滋生

① 胡锦涛. 胡锦涛文选：第2卷［M］. 北京：人民出版社，2016：631.

等问题日益严重，由此引发的环境问题日渐突出。以消费为例，生存消费、发展消费和奢侈消费是三种类型。生存消费带来的环境问题，在一定程度上讲是必须付出的代价；发展消费则是以人为本的体现；奢侈消费就是浪费，必须想办法限制，有的甚至还要禁止。近年来，我们将环境保护政策延伸到流通、分配、消费领域，拓展到对外贸易，在建立全方位污染防控体系方面做了有益探索。①

其次，出台环境经济政策。国务院 2011 年以来先后发布的《关于加强环境保护重点工作的意见》《国家环境保护“十二五”规划》《节能减排综合性工作方案》等多部重要文件，都对加快制定和实施环境经济政策，建立有利于环境保护的激励和约束机制，提出了明确的工作要求。环保部门主动协调和配合经济综合部门，全面启动环境经济政策的制定和实施。据不完全统计，在“十一五”期间，国家层面共计出台有关环境保护的政策文件 180 余件，地方层面共计出台政策文件 450 多件。并根据经济活动的不同阶段，加快建立环境经济政策体系。在绿色信贷方面，环境保护部联合中国人民银行、中国银行业监督管理委员会发布《关于落实环保政策法规防范信贷风险的意见》《关于全面落实绿色信贷政策　进一步完善信息共享工作的通知》等文件，并与中国银行业监督管理委员会签订环境信息交流与共享协议。在环境污染责任保险方面，联合中国保险监督管理委员会发布《关于环境污染责任保险工作的指导意见》。在绿色电价方面，配合国家发展和改革委员会等部门出台《燃煤发电机组脱硫电价及脱硫设施运行管理办法》《节能环保发电调度办法（试行）》等。在生态补偿方面，环境保护部印发《关于开展生态补偿试点工作的指导意见》，并确定首批 6 个省为生态补偿试点地区；联合财政部、国土资源部下发《关于逐步建立矿山环境治理和生态恢复责任机制的指导意见》。在绿色贸易方面，积极组织工业行业协会等单位，先后制定 5 批“双高”产品名录，其中近 300 种“双高”产品被财政部、税务总局取消出口退税，被商务部禁止加工

① 周生贤. 环保惠民，优化发展——党的十六大以来环境保护工作发展回顾（2002—2012）[M]. 北京：人民出版社，2012：33.

贸易。①

最后，积极开展环境经济政策试点。在环境保护部和有关部门的指导和推动下，环境经济政策试点力度之大前所未有，“自上而下”和“自下而上”相结合的“双向”试点探索模式在快速推进，积累了不少环境经济政策应用的鲜活经验。在这个时期，全国已有20多个省、市出台绿色信贷政策实施性文件。比如，河北省、山西省创新绿色信贷评审机制，启动对银行机构绿色信贷实施效果的评估工作，并将评估效果作为银行评优等方面的重要依据。四川省研究提出钒钛钢铁行业绿色信贷指南。江苏、广东等地开展企业环境行为信用评价。

实践证明，推进环境保护工作，必须坚持从生产、流通、分配、消费的再生产全过程系统防范环境污染和生态破坏，努力促进发展方式和消费模式加快转型。要构建低消耗、少污染的现代生产体系，推进产业结构优化升级，大力发展服务业和战略性新兴产业，加快改造传统产业，推行清洁生产，鼓励节能降耗，防范和应对污染事故。要实行有利于环境保护的流通方式，积极治理铁路、水运等运输污染，保障危险化学品运输和储存安全，限制高污染产品贸易，完善资源再生回收利用，建立清洁、安全的现代物流体系。要大力提倡环境友好的消费方式，实行环境标识、环境认证、绿色采购和生产者责任延伸等制度，推行垃圾分类和消费品回收，建立绿色、节约的消费体系。② 随着环境经济政策制定和出台的数量逐年增加，环境经济政策的试点工作由点到面逐步推开，国家层面的环境经济政策体系框架已初步搭建，环境经济政策在整体环境管理政策中的地位不断提升，在节能减排和生态环境保护工作中发挥着越来越重要的作用，环境经济政策的制定也不断丰富着生态文明制度体系，更是生态文明理念融入经济建设的具体举措。

---

① 周生贤. 环保惠民，优化发展——党的十六大以来环境保护工作发展回顾（2002—2012）[M]. 北京：人民出版社，2012：76.

② 周生贤. 环保惠民，优化发展——党的十六大以来环境保护工作发展回顾（2002—2012）[M]. 北京：人民出版社，2012：34.

（二）建立资源节约和环境保护的制度

资源节约和环境保护制度是生态文明制度体系的有机组成。资源节约制度是规范人们合理使用资源的经济制度、政治制度、法律制度及道德规范的总和，建立科学的资源节约制度能够更好地约束人们在生产和生活中的行为，避免资源的浪费，以及给生态环境带来的巨大压力。党的十六大以来，党中央多次强调要建立合乎资源节约准则的价值观念，要完善有关资源节约与管理的各项法律、法规，形成有利于资源节约的各种规章制度，把节约资源纳入法制化的轨道，把高效利用资源纳入制度化进程。建立资源节约型、环境友好型社会，落实可持续发展战略，要以科学发展观为指导，要从政策和科技入手，在转变发展方式上下功夫。

改革开放以来，我国经济发展步伐加快。但由于片面追求经济高速发展而对资源节约重视不够，我国工业生产过程中高投入、高消耗带来的资源浪费问题十分普遍和突出，严重制约着我国经济社会的发展，也造成环境恶化。针对这一现实，我党总结过去发展经验，从新的历史任务出发，于 2004 年 4 月颁布《关于开展资源节约活动的通知》，着力在全国范围内组织开展资源节约活动，全面推进资源节约和综合利用工作，加快推进资源节约型社会的形成。2005 年 10 月，党的十六届五中全会通过的《中共中央关于制定国民经济和社会发展第十一个五年规划的建议》指出，“要把节约资源作为基本国策，发展循环经济，保护生态环境，加快建设资源节约型、环境友好型社会，促进经济发展与人口、资源、环境相协调。”这是党中央首次把建设资源节约型、环境友好型社会确定为国民经济与社会发展中长期规划的一项主要任务。2007 年，党的十七大报告进一步指出“必须把建设资源节约型、环境友好型社会放在工业化、现代化发展战略的突出位置”①。党的十七大通过的《中国共产党第十七次全国代表大会关于〈中国共产党章程（修正案）〉的决议》，将“建设资源节约型、环境友好型社会”写入党章，使之成为执政党纲领的重要内容。

---

① 胡锦涛. 高举中国特色社会主义伟大旗帜 为夺取全面建设小康社会新胜利而奋斗——在中国共产党第十七次全国代表大会上的报告［M］. 北京：人民出版社，2007：24.

首先，在资源开采、加工、运输、消费等环节建立全过程和全面节约的管理制度。自然资源只有节约才能持久使用。对我国来说，抓好资源节约尤其重要。从总体上看，我国资源仍呈现约束趋紧。随着经济持续快速发展，资源压力日益增加。此阶段的发展主要是靠粗放型发展方式的推动，粗放型发展的主要特点是通过资源能源的高消耗实现经济的快速发展。然而，资源能源也并非用之不竭，特别是一些不可再生资源过度消耗已经大大超出了资源环境的承载能力。如果这种状况不加以改变，经济社会发展难以为继。因此，要转变发展方式，一方面要节约资源，严格资源管理，实行严格的监管措施，从根源上杜绝和遏制浪费资源的现象；另一方面，也要优化经济布局，调整产业结构，继续把淘汰落后生产能力作为调整和优化结构的重要途径，加快利用先进技术改造高耗能、高污染企业，特别要加强对钢铁、有色金属、建材、煤炭、电力、石油化工、建筑等行业的技术改造，全面提高技术装备和经营管理水平，大力发展循环经济和现代服务业。此外，也可以探索通过市场机制和价格机制的作用，促进资源的高效利用。通过深化市场取向的改革，充分发挥市场对资源配置和资源价格形成的基础性作用，使资源性产品和最终产品之间形成合理的比价关系，促进企业降低成本，不断改进技术，减少资源消耗，增强竞争力。总之，要通过经济、技术、法律等综合手段，推进资源利用方式的根本转变，不断提高资源利用的经济、社会和生态效益。

其次，运用科技进步提高资源使用效率。依靠科技进步推进资源利用方式的根本转变，不断提高资源利用的经济、社会和生态效益，坚决遏制浪费资源、破坏资源的现象，实现资源的永续利用①。解决资源环境问题要依靠科技进步，增强科技创新能力。一方面加快政策保障的资源环境能力建设，建立和完善覆盖全国的国土与生态系统监测网络，发展基于地球数字理念的资源环境信息技术平台，全面系统地认识自然过程和人的活动对生态环境及人类自身发展影响的客观规律，为资源高效利用、生态环境有效整治提供坚实的知

① 中共中央文献研究室．十六大以来重要文献选编（上）［M］．北京：中央文献出版社，2005：853.

识基础、技术支持和政策依据。另一方面，加快技术支持，大力发展绿色制造和清洁生产技术，发展节材、节能、节水、节地、环境友好的高新技术，推动节约资源的科技开发，为产业结构调整、实现发展模式和经济增长方式转型提供高效、安全、清洁的技术体系；及时推广资源节约方面的科技成果，支持和引导企业淘汰浪费资源的工艺、技术和产品。

建设资源节约型、环境友好型社会是以胡锦涛同志为总书记的党中央从我国国情出发，总结我国社会主义建设实践，借鉴国际先进发展经验，吸收传统文化精华，作出的重大战略决策，是落实科学发展观的重大举措，是实现全面建设小康社会目标和构建社会主义和谐社会的重要内容。①

（三）环境法制工作迈入新阶段

党的十六大以来，环境制度建设以科学发展观为主题，以转变经济发展方式为主线，积极探索，健全和完善环境制度体系，从环境立法到环境执法层面较之前一阶段均有显著提升。2002 年至 2012 年间，在全国人大和国务院有关部门的大力支持下，环境保护部以建立健全环境保护法律法规体系作为工作重点，环境立法工作取得了较大进展，共制、修订环保法律 6 件，行政法规 16 件，部门规章 43 件，基本形成了较为完善的环境制度体系②。

首先，完善环境保护法律体系。全国人大常委会和国务院法制办修订现有法律和制定新法，从法律上、制度上推动中央重大决策部署的贯彻落实，解决环保事业发展中带有根本性、全局性、稳定性和长期性的问题。一是推动制定了《放射性污染防治法》《环境影响评价法》《循环经济促进法》《清洁生产促进法》，修订了《固体废物污染环境防治法》《水污染防治法》等法律，在这些法律中建立了“总量控制”“区域限批”“生态补偿”“饮用水源保护”“环境信息统一发布”等一系列重要环境保护法律制度。二是推动修

---

① 周生贤. 环保惠民，优化发展——党的十六大以来环境保护工作发展回顾（2002—2012）［M］. 北京：人民出版社，2012：6.

② 周生贤. 环保惠民，优化发展——党的十六大以来环境保护工作发展回顾（2002—2012）［M］. 北京：人民出版社，2012：65.

改《环境保护法》。此阶段现行的《环境保护法》自 1989 年颁布以来，对推动我国环保事业的发展发挥了重要作用。随着我国经济社会快速发展，该法有关规定与经济社会发展现状出现诸多不适应的情况。2011 年 7 月，环境保护部向全国人大环资委正式报送了修订草案建议稿。三是建立核辐射安全法律保障体系。这一阶段，我国推动制定了《放射性污染防治法》《放射性同位素与射线装置安全和防护条例》《放射性物品运输安全管理条例》《放射性废物安全管理条例》《民用核安全设备监督管理条例》等法律法规，制定了《放射性同位素与射线装置安全许可管理办法》《放射性物品运输安全许可管理办法》《放射性同位素与射线装置安全和防护管理办法》等多部环保部门规章。

其次，出台环境保护的行政法规。一是根据环境保护工作实践经验，将有利于提高行政管理效能、有效解决环境保护实际问题的管理制度，上升为环保行政法规，如《全国污染源普查条例》《排污费征收使用管理条例》以及《规划环境影响评价条例》等。二是依法及时制定现行环保法律需要配套的行政法规，保障环保法律的有效实施，增强环保法律的可操作性。如《废弃电器电子产品回收处理管理条例》《危险废物经营许可证管理办法》《医疗废物管理条例》等。①

最后，加大环境教育宣传力度。通过开展多种形式的环境教育宣传活动，增强公众参与环境保护的主动性和积极性，综合运用“硬性”的制度约束和“软性”的道德约束根植公众的生态文明观念。随着党中央、国务院关于加强环境保护的一系列决策部署和取得的成效，环境宣传教育工作也要围绕这个主题，积极服务于环境保护发展大局。胡锦涛在人口资源环境工作座谈会讲话中指出，“要在全社会树立节约资源的观念，培育人人节约资源的社会风尚”②。生态文明理念落地生根必须要从生产、生活观念上进行调整。一是创新环境宣传教育形式。利用特殊的纪念日开展关于环境保护的宣

---

① 周生贤. 环保惠民，优化发展——党的十六大以来环境保护工作发展回顾（2002—2012）[M]. 北京：人民出版社，2012：67.

② 胡锦涛. 胡锦涛文选：第 2 卷 [M]. 北京：人民出版社，2016：17.

传纪念活动。每年 6 月 5 日是世界环境日，环境保护部利用每年的世界环境日，积极开展有影响、有创意的主题活动。从 2005 年起，环境保护部在每年联合国环境规划署发布世界环境日主题的同时，发布当年的世界环境日中国主题。各年的世界环境日中国主题分别是："人人参与，创建绿色家园"（2005 年），"生态安全与环境友好型社会"（2006 年），"污染减排与环境友好型社会"（2007 年），"绿色奥运与环境友好型社会"（2008 年），"减少污染——行动起来"（2009 年），"低碳减排 · 绿色生活"（2010 年），"共建生态文明，共享绿色未来"（2011 年），"绿色消费，你行动了吗?"（2012 年）。二是积极开展各类环境保护教育实践活动。通过创建绿色学校，利用校内外一些资源和机会提高师生环境素养。大力开展环境教育基地建设。三是积极构建全面参与环保的社会行动体系。2006 年 12 月，国家环保总局、中宣部、教育部共同发布的《关于做好"十一五"时期环境宣传教育工作的意见》提出，环境宣传教育是实现国家环境保护意志的重要方式，环保、宣传、教育部门要充分认识加强环境宣传教育工作的重要意义，增强做好环境宣传教育工作的紧迫感、使命感。要求努力形成与建设环境友好型社会相适应的环境宣传教育格局，着力抓好面向公众的环境宣传教育，切实加强环境宣传教育队伍与能力建设。2009 年 6 月，环境保护部、中宣部和教育部联合下发了《关于做好新形势下环境宣传教育工作的意见》，明确要求各级环保、宣传、教育部门要认清形势，积极配合，上下联动，形成政府主导、各方配合、运转顺畅、充满活力、富有成效的环境宣传教育工作格局；积极推进面向公众的环境宣传教育，重视环境宣传教育理论研究工作，加强环境宣传教育能力建设和组织保障。① 通过形式多样的环境保护的宣传教育，环境保护思想深入人心，公众环境保护意识不断加强，不仅配合了环境保护的全局工作，也为探索环境保护新道路、促进环境保护事业发展发挥了积极的作用。

---

① 周生贤. 环保惠民，优化发展——党的十六大以来环境保护工作发展回顾（2002—2012）[M]. 北京：人民出版社，2012：244-245.

三、小结

2002 年至 2012 年这段时期，是我国至此时环保投入和整治力度最大的十年，是环保领域不断拓展的十年，也是环境质量逐步呈现稳中向好态势的十年。随着社会主义市场经济建设的稳步推进，提供了运用市场手段保护资源环境的外部条件，制定和实施环境经济政策越来越受到重视。十年中，我们积累了许多宝贵经验，生态环境保护已取得积极的成效。

面对取得的成绩，我们要清醒地认识到我国仍处于社会主义发展的初级阶段的基本国情，人口众多，生产力发展水平不高，生态环境与经济发展的矛盾仍然存在。一些地区为了一时的经济增长，不惜牺牲环境，造成局部地区自然资源、生态环境破坏现象十分严重的状况。为了改变这种状况，胡锦涛指出，“要加大治理污染的力度，依法保护环境。”① 在科学发展观指导下，生态文明建设应根据环境问题的特殊性，改革现有的环境管理体制，制定相应的政策措施，加强环境监管力度，形成自上而下或自下而上的有效监督机制，建立与生态文明建设相适应的政策法律体系②，做到有法可依、有法必依、执法必严、违法必究。

第五节　成熟期：深化生态文明体制改革的加速期（党的十八大——至今）

党的十八大以来，以习近平同志为核心的党中央加快推进生态文明顶层设计和制度体系建设，从总体目标、主要原则、重点任务、制度保障等方面对生态文明建设进行全面系统部署，仅在 2015 年就相继出台了《关于加快推进生态文明建设的意见》（2015 年 5 月）

---

① 中共中央文献研究室. 十六大以来重要文献选编（中）［M］. 北京：中央文献出版社，2006：823.

② 张振鹏. 科学发展观视域下生态文明建设的探索——评赵成教授著《科学发展观与以和谐为目标的生态文明建设研究》［J］. 思想理论教育，2012（9）：95.

和《生态文明体制改革总体方案》（2015 年 9 月）两个国家层面的文件，并修订了《环境保护法》，制定了 40 多项涉及生态文明建设的改革方案。经过努力，我国生态文明制度体系改革迈出重要步伐，初步构筑了生态文明体制改革总体框架，并逐步推进生态文明领域治理体系和治理能力现代化，为国家治理现代化的实现创造条件。

一、建立科学完备的生态文明制度体系

生态环境问题不仅仅是个技术问题、发展问题、民生问题，更是一个体制问题、制度问题。深化生态文明体制改革，关键是要发挥制度的引导、规制、激励、约束等功能，规范各类开发、利用、保护行为，让保护者受益、让损害者受罚。① 在生态文明建设方面，党的十八大提出加强生态文明制度建设。包括建立和完善国土空间开发保护制度，反映市场供求和资源稀缺程度、体现生态价值和代际补偿的资源有偿使用制度和生态补偿制度，完善最严格的耕地保护制度、水资源管理制度、环境保护制度，健全生态环境保护责任追究制度和环境损害赔偿制度等，并提出通过加强生态文明宣传教育发挥非正式制度的激励和约束作用。党的十八届三中全会则进一步强调了生态文明制度建设的重要性，并强调“建设生态文明，必须建立系统完整的生态文明制度体系，实行最严格的源头保护制度、损害赔偿制度、责任追究制度，完善环境治理和生态修复制度，用制度保护生态环境”②。

（一）明确生态文明制度体系的内容

2015 年 5 月，中共中央、国务院的《关于加快推进生态文明建设的意见》指出，要健全生态文明制度体系，加快建立系统完整的生态文明制度体系，引导、规范和约束各类开发、利用、保护自然

---

① 习近平. 把“三严三实”贯穿改革全过程，努力做全面深化改革的实干家［N］. 人民日报，2015-7-2.

② 中共中央关于全面深化改革若干重大问题的决定［N］. 人民日报，2013-11-16.

资源的行为，用制度保护生态环境。①《关于加快推进生态文明建设的意见》对于生态文明制度体系进行了最系统、最完备的论述，将生态文明制度建设划分为以下几类。

第一，约束性制度。主要是通过引导、规范和约束各类开发、利用、保护自然资源的行为，运用制度保护生态环境。一是建立健全生态保护方面的法律法规，加强法律法规间的衔接，修改与当前生态文明建设不相适应的法律条文，制定随着生态文明建设的新要求出台的新法律；二是修订一批能耗、水耗、地耗、污染物排放、环境质量等方面的标准，建立与国际接轨、适应我国国情的能效和环保标识认证制度；三是健全自然资源资产产权制度和用途管制制度，完善生态环境监管制度，明确各类国土空间开发、利用、保护边界，实现能源、水资源、矿产资源按质量分级、梯级利用；四是把资源消耗、环境损害、生态效益等指标纳入经济社会发展综合评价体系，建立体现生态文明要求的目标体系、考核办法、奖惩机制；五是建立领导干部任期生态文明建设责任制，建立体现生态文明要求的目标体系、考核办法、奖惩机制。把资源消耗、环境损害、生态效益等指标纳入经济社会发展综合评价体系，大幅增加考核权重，强化指标约束，不唯经济增长论英雄。完善政绩考核办法，根据区域主体功能定位，实行差别化的考核制度。

第二，激励性制度。这一制度体系主要是通过完善相关经济政策，激励和刺激各社会主体将私人利益纳入国家利益的轨道，让各类环境保护的主体自觉承担起生态文明建设的责任和义务。具体而言，包括深化自然资源及其产品，以及矿产资源有偿使用制度改革；增加财政资金投入，加大对资源节约和循环利用、新能源和可再生能源开发利用、环境基础设施建设、生态修复与建设、先进适用技术研发示范等的支持力度；推动环境保护费改税，完善节能环保、新能源、生态建设的税收优惠政策；推广绿色信贷，支持符合条件的项目通过资本市场融资；探索排污权抵押等融资模式；深化环境污染责任保险试点，研究建立巨灾保险制度。

第三，保障性的体制机制。体制机制是制度执行的重要保证。

---

① 中共中央国务院关于加快推进生态文明建设的意见［M］. 北京：人民出版社，2015：17.

“要立足我国基本国情和发展新的阶段性特征，以建设美丽中国为目标，以解决生态环境领域突出问题为导向，明确生态文明体制改革必须坚持的指导思想、基本理念、重要原则、总体目标，提出改革任务和举措，为生态文明建设提供体制机制保障。”① 具体而言，首先，要发挥市场在生态文明建设中的基础作用，遵循市场规律和市场规则，深化资源性产品定价和交易制度改革；其次，科学界定生态保护者与受益者权利义务，加快形成生态损害者赔偿、受益者付费、保护者得到合理补偿的运行机制，建立地区间横向生态保护补偿机制与独立公正的生态环境损害评估制度。②

（二）制定生态文明体制改革总体方案

党的十八大之后，党中央对于如何建设生态文明进行了一系列的顶层设计，加快建立生态文明制度体系，着力构筑生态文明体制的“四梁八柱”。2013 年 5 月 24 日，全党就大力推进生态文明建设进行第六次集体学习，习近平总书记主持会议并提出，生态环境保护是功在当代、利在千秋的事业。要以对人民群众、对子孙后代高度负责的态度和责任，真正下决心把环境污染治理好、把生态环境建设好，努力走向社会主义生态文明新时代，为人民群众创造良好的生产生活环境。习近平还特别强调制度在生态文明建设中的重要作用，指出“保护生态环境必须依靠制度、依靠法治。只有实行最严格的制度、最严密的法治，才能为生态文明建设提供可靠保障”。我国生态环境保护中存在的一些突出问题，一定程度上与体制不健全有关，没有形成从源头到末端的完善的、严密的生态制度体系，我国要大力推进生态文明建设，必须坚持全过程、全领域管控，构建起科学完备、运转有序的生态文明建设制度体系。李克强总理也曾于 2012 年出席中国环境与发展国际合作委员会会议时，将生态文明建设制度的创新放在改革的突出位置，在他看来，“推进生态文明建设需要改革和制度创新。要加快价格、财税、金融、行政管理、

---

① 习近平. 把“三严三实”贯穿改革全过程，努力做全面深化改革的实干家［N］. 人民日报，2015-7-2.

② 刘建伟. 新中国成立以后中国共产党认识和解决环境问题研究［M］. 北京：人民出版社，2017：293.

企业等改革，完善资源有偿使用、环境损害赔偿、生态补偿等制度，健全评价考核、行为奖惩、责任追究等机制，切实加强法制建设，以体制激励和约束企业，用法律调节和规范行为，使改革这个最大的‘红利’更多地体现在生态文明建设和科学发展上”①。

一是加快建立系统完整的生态文明制度体系。党的十八届三中全会于 2013 年 11 月 9 日至 12 日在北京召开。会议紧紧围绕建设美丽中国深化生态文明体制改革，加快建立生态文明制度，推动形成人与自然和谐发展的现代化建设新格局。会议通过了《中共中央关于全面深化改革若干重大问题的决定》（以下简称《决定》）。《规定》提出，建设生态文明，必须建立系统完整的生态文明制度体系，实行最严格的源头保护制度、损害赔偿制度、责任追究制度，完善环境治理和生态修复制度，用制度保护生态环境。《决定》中明确了生态文明制度的四个主要方面：第一，健全自然资源资产产权制度和用途管制制度；第二，规定生态保护红线；第三，实行资源有偿使用制度和生态补偿制度；第四，改革生态环境保护管理体制。这四个方面内涵的规定，为我国生态文明制度建设指明了方向。中国生态文明制度不仅推动了生态文明建设的法制化进程，促使生态文明建设步入依法治理的轨道，也是符合依法治国发展战略的路径选择。

二是用最严格的法律制度保护生态环境。党的十八届四中全会对全面推进依法治国作了顶层设计，生态文明建设的路径更加明晰。在全面推进依法治国的大背景下，深化生态文明体制改革，推进生态文明的制度、法律法规体系建设，推进国家生态环境治理体系和治理能力现代化，正在成为新常态。党的十八届五中全会确立了包括绿色在内的新发展理念，提出完善生态文明制度体系。

三是构筑生态文明体制改革的“四梁八柱”。2015 年党中央、国务院印发《生态文明体制改革总体方案》，首次确立了生态文明体制改革的总体目标，即到 2020 年，构建起产权清晰、多元参与、激励约束并重、系统完整的生态文明制度体系，推进生态文明领域国家治理体系和治理能力现代化，努力走向社会主义生态文明新时代。

---

① 李克强. 在中国环境与发展国际合作委员会 2012 年年会开幕式上的讲话［N］. 人民日报，2012-12-12.

同时，《方案》也建立起生态文明体制改革的“四梁八柱”，即健全自然资源资产产权制度、建立国土空间开发保护制度、建立空间规划体系、完善资源总量管理和全面节约制度、健全资源有偿使用和生态补偿制度、建立健全环境治理体系、健全环境治理和生态保护市场体系、完善生态文明绩效评价考核和责任追究制度。这就明确生态文明体制改革的方向和重点领域。

四是将“生态文明”写入宪法，为制定更加科学的生态文明建设法规提供了根本的法律遵循。2018 年 3 月 11 日，第十三届全国人民代表大会第一次会议表决通过了中华人民共和国宪法修正案，将“生态文明”写入宪法，使之有了宪法保障。在第七自然段中，将“推动物质文明、政治文明和精神文明协调发展，把我国建设成为富强、民主、文明的社会主义国家”修改为“推动物质文明、政治文明、精神文明、社会文明、生态文明协调发展，把我国建设成为富强民主文明和谐美丽的社会主义现代化强国，实现中华民族伟大复兴”；第八十九条第六项国务院行使下列职权由“（六）领导和管理经济工作和城乡建设”修改为“（六）领导和管理经济工作和城乡建设、生态文明建设”。修改后两个条文与《宪法》第九条、第十条、第二十六条等条款构成了《宪法》中的“生态条款”。生态文明入宪的体系性功能包括三个方面，即生态观的宪法表达、生态制度的宪法安排及生态权利的宪法保障。这些观念变革与制度建构相结合，将人的美好生活诉求与对生态的基本尊重相结合，以满足人、国家与生态三者的最大利益为目标，从而实现宪法在生态领域对于国家发展与公民需求之间规范的系统保障功能。

（三）生态保护和生态修复相结合

万物各得其和以生，各得其养以成。尊重自然、顺应自然、保护自然，像保护眼睛一样保护自然，建设天蓝、地绿、水清的美丽中国，必须实施重大生态修复工程。一方面要积极推进山水林田湖草一体化的保护和修复；另一方面，加快实施生态保护和修复工程，增强生态产品的生产能力，筑牢国家生态安全屏障。

2020 年 12 月 17 日，国新办举行落实党的十九届五中全会精神、做好生态保护修复工作新闻发布会。自然资源部副部长、国家海洋局局长王宏在发布会上介绍，“十三五”时期，自然资源部、国家林草局会同相关部门积极推进山水林田湖草一体化保护修复，取得显著成绩。自然资源部“十三五”期间相关工作有八个方面。

一是生态保护修复法律制度加快完善。配合立法机关完成森林法、海洋环境保护法、防沙治沙法、土地管理法等多部法律修订工作。加快推进矿产、草原、自然保护地、野生动物保护、国土空间开发保护、空间规划等方面的立法修法进程。支持做好长江、黄河保护法立法。推动国家层面出台了关于建立国土空间规划体系、自然资源资产产权制度改革、自然保护地体系、统筹划定落实三条控制线、严格管控围填海和天然林、湿地保护修复，以及推行林长制等重要政策文件。

二是生态空间管控更加严格。多规合一的国土空间规划体系顶层设计和总体框架基本形成，各级国土空间规划和乡村规划正在抓紧编制。明确生态保护红线划定和管控规则，开展生态保护红线评估调整工作，将陆地、海洋具有特殊重要生态功能、需要强制性严格保护的区域划入红线。自然生态空间用途管制规则、制度、机制初步建立。

三是自然保护地体系建设稳步推进。开展国家公园试点，推进自然保护地整合优化，加快构建以国家公园为主体的自然保护地体系。“十三五”期间，全国自然保护地数量增加700多个，面积增加2500多万公顷，总数量达到1.18万个，约占我国陆域国土面积的18%。

四是山水林田湖草一体化保护修复取得重要成果。在全国重点生态功能区实施了25个山水林田湖草生态保护修复试点工程，为解决区域生态问题、提高区域生态系统质量和功能发挥了示范作用，为统筹推进山水林田湖草整体保护、系统修复、综合治理积累了实践经验。经中央深改委审议通过，《全国重要生态系统保护和修复重大工程总体规划（2021—2035年）》印发实施，为今后一个时期生态保护修复工作明确了重点任务。

五是国土绿化行动深入开展。加快大规模国土绿化，全面保护天然林，扩大退耕还林还草规模，国土绿化“十三五”规划主要任务全面完成，全国森林覆盖率达到23.04%，森林蓄积量超过175亿立方米，草原综合植被覆盖度达到56%。

六是生态保护修复重点专项行动和工程成效明显。实施蓝色海湾整治行动、海岸带保护修复工程、渤海综合治理攻坚战行动计划、红树林保护修复专项行动，全国整治修复岸线1200千米、滨海湿地2.3万公顷。同时破解黄海浒苔绿潮灾害防治的难题，治理区域海洋生态质量和功能得到提升。开展长江流域、京津冀和汾渭平原等重点区域历史遗留矿山生态修复。支持深度贫困地区实施土地整治重大工程，提升农田生态功能，助力脱贫攻坚。

七是探索生态修复市场化投入机制。出台探索利用市场化方式推进矿山生态修复的意见，通过赋予一定期限的自然资源产权等政策，激励社会主体投入矿山生态修复。在全国部署全域土地综合整治试点，助力乡村振兴。制定鼓励社会资本参与生态修复政策，进一步推进多元化投入机制。

八是生物多样性保护全面加强。生态保护红线涵盖我国生物多样性保护的35个优先区域，覆盖国家重点保护物种栖息地。实施濒危野生动植物抢救性保护，大熊猫、朱鹮、藏羚羊、苏铁等濒危野生动植物种群数量稳中有升。

“十三五”时期山水林田湖草一体化保护修复取得的成绩离不开我国长久以来开展的生态修复工程。总结目前我国开展的生态修复有如下几方面。

第一，大力推进国土绿化行动，推进天然林保护、防护林体系建设、京津风沙源治理、退耕还林还草、湿地保护恢复等重大生态工程。除了加大财政转移支付力度、建立健全生态补偿机制外，还应创新治理载体，探索多维治理路径。比如，按照属地管理原则，借鉴塞罕坝生态修复的成功模式、毛乌素沙漠治理的有效经验，成立若干沙漠林场，通过兵团化、战役化的攻坚作战，力争10—15年时间，催生更多沙漠绿洲；在滇桂黔石漠化地区，应适当提高生态补偿标准，使退耕还林还草真正落到实处。

第二，组建各类专业合作社，吸纳生态修复建设主体，并通过提供低息、无息贷款，或加大财政转移支付力度，或探索成立沙漠连片治理基金、石漠化生态修复基金、湿地保护建设基金等方式，解决生态环境保护建设的资金瓶颈制约。探索组建政策性的专业绿色银行，为生态保护与修复工程提供专项支持，探索发行沙漠治理公益彩票，拓宽资金筹集渠道。

第三，成立国家生态环境工程大学，从全球引进生态环境保护方面的专家，着力培养生态文明建设的各类人才。组建一批重点实验室或研究院，围绕重大问题开展联合攻关，为生态保护与修复工程提供智力支撑。

第四，充分利用大数据、人工智能等新技术，强化环境保护监测。利用卫星遥感技术，对于全国生态环境系统进行全天候监测，并就信息发布、信息初核、信息反馈等环节予以明确规定。

第五，充分利用巡视巡察利剑，每年开展专项活动，对于损害环保案件进行立体监督，重点查处地方保护主义的典型案件，以及放任自流的形式主义、官僚主义行为，真正形成常年震慑的效果。

二、制定生态文明制度体系建设的系统方案

生态文明体制改革是涉及生产方式、生活方式和发展观念的一场重大变革。需要动员全党、全社会积极行动、深入持久地推进生态文明建设，加快形成人与自然和谐发展的现代化建设新格局。

（一）着力解决突出环境问题

党的十八以来，习近平总书记就加强环境保护和推进生态文明建设作出了一系列重要论述，进一步强调加强生态文明建设的重要性和紧迫性，要“像保护眼睛一样保护生态环境，像对待生命一样对待生态环境”。突出解决环境问题，要以解决损害群众健康突出环境问题为重点。习近平总书记指出：“随着经济社会发展和人民生活水平不断提高，环境问题往往最容易引起群众不满，……所以，环境保护和治理要以解决损害群众健康突出环境问题为重点，坚持预防为主、综合治理，强化水、大气、土壤等污染防治，着力推进重点流域和区域水污染防治，着力推进重点行业和重点区域大气污染治理，着力推进颗粒物污染防治，着力推进重金属污染和土壤污染

综合治理”“对破坏生态环境、大量消耗资源、严重影响人民群众身体健康的企业，要坚决关闭淘汰”①。“如果只实现了增长目标，而解决好人民群众普遍关心的突出问题没有进展，即使到时候我们宣布全面建成了小康社会，人民群众也不会认同。”② 因此，要扎实推进生态文明建设，满足人民对良好生态环境的需要。

一是攻坚战与持久战相结合，坚决打赢蓝天保卫战。制定实施第二期大气污染防治行动计划，深入推进产业布局、能源消费和交通运输结构调整，着力解决燃煤和机动车污染问题，整治取缔“散乱污”企业，积极主动应对重污染天气，基本根治人民群众的“心肺之患”，重现更多蓝天白云。这既是大气污染治理工程，也是民生工程。

二是深入实施水污染防治行动计划。抓两头、促达标，全过程保障饮用水安全，打好城市黑臭水体歼灭战；统筹水资源、水环境、水生态，抓住重点、以点带面，着力推进海河流域、“老三湖”（太湖、巢湖、滇池）和“新三湖”（洱海、丹江口、白洋淀）等流域水环境保护，落实好长江经济带“共抓大保护、不搞大开发”的要求，突出生态优先、绿色发展。

三是加快推进土壤污染防治行动计划。牢固树立以风险管控为主线的土壤污染防治思路，着力解决土壤污染农产品安全和人居环境健康安全两大突出问题。

四是开展农村人居环境整治行动。由于农村环境保护工作底子薄、基础差、资金缺乏，生活污水和垃圾处理率偏低，这是导致村镇环境“脏、乱、差”现象的主要原因，甚至“污水靠蒸发，垃圾靠风刮”。持续推进农村环境综合整治，推进农村环境基础设施建设，建立农村环境保护基础设施长效运行维护机制。

（二）推动形成绿色发展方式和生活方式

2015 年 10 月，党的十八届五中全会审议通过的“十三五”规

---

① 中共中央文献研究室. 习近平关于社会主义生态文明建设论述摘编［M］. 北京：中央文献出版社，2017：84.

② 中共中央文献研究室. 习近平关于社会主义生态文明建设论述摘编［M］. 北京：中央文献出版社，2017：91-92.

划建议，对坚持绿色富国、绿色惠民，推动形成绿色发展方式和生活方式，着力改善生态环境，建设美丽中国，提出了更加明确具体的要求。强调要有度有序利用自然，调整优化空间结构，划定农业空间和生态空间保护红线，构建科学合理的城市化格局、农业发展格局、生态安全格局、自然岸线格局，设立统一规范的国家生态文明试验区；支持绿色清洁生产，推进传统制造业绿色改造，推动建立绿色低碳循环发展产业体系。要发挥主体功能区作为国土空间开发保护基础制度的作用，落实主体功能区规划，完善政策，发布全国主体功能区规划图和农产品主产区、重点生态功能区目录，推动各地区依据主体功能定位发展，推动京津冀、长三角、珠三角等优化开发区域产业结构向高端高效发展，防治“城市病”，重点生态功能区实行产业准入负面清单，加大对农产品主产区和重点生态功能区的转移支付力度，强化激励性补偿，建立横向和流域生态补偿机制；以市县级行政区为单元，建立由空间规划、用途管制、领导干部自然资源资产离任审计、差异化绩效考核等构成的空间治理体系。要推进能源革命，加快能源技术创新，建设清洁低碳、安全高效的现代能源体系。要树立节约集约循环利用的资源观，实行最严格的水资源管理制度。要以提高环境质量为核心，实行最严格的环境保护制度，推进污染物综合防治和环境治理，实行联防联控和流域共治，深入实施大气、水、土壤污染防治行动计划，开展环保督察巡视，严格环保执法。要坚持保护优先、自然恢复为主，实施山水林田湖草生态保护和修复工程，构建生态廊道和生物多样性保护网络，全面提升森林、河湖、湿地、草原、海洋等自然生态系统稳定性和生态服务功能；开展大规模国土绿化行动，完善天然林保护制度，全面停止天然林商业性采伐，扩大退耕还林还草，加强草原保护；加强水生态保护，系统整治江河流域，连通江河湖库水系，开展退耕还湿、退养还滩；推进荒漠化、石漠化、水土流失综合治理，强化江河源头和水源涵养区生态保护。①

---

① 曲青山，黄书元. 中国改革开放全景录：中央卷（下）[M]. 北京：人民出版社，2018：177.

三、大力加强环境保护执法监管

我国生态文明制度“四梁八柱”已经建立，但环境污染问题仍时有发生，究其原因是制度执行能力较低、制度效能发挥不足，导致环境治理难以实现预定目标。习近平总书记特别注重制度执行效果，他在2004年专门发表短论《莫把制度当‘稻草人’摆设》，开宗明义地指出：“各项制度规定了，就要立说立行、严格执行，不能说在嘴上，挂在墙上，写在纸上，把制度当‘稻草人’摆设，而应落实到实际行动上，体现在具体工作中。”① 针对目前制度执行能力低下的境况，他严肃地指出，“制度执行力、治理能力已经成为影响我国社会主义制度优势发挥、党和国家事业顺利发展的重要因素。”② 习近平总书记也指明应如何提升制度的执行能力，他指出，一方面制定制度要有针对性和指导性；另一方面要维护制度的严肃性和权威性，不留“暗门”、不开“天窗”，“使制度成为硬约束而不是橡皮筋”③。针对许多领导干部在主政期间不顾环境效益，一味提高经济水平，造成环境污染后拍拍屁股走人，不负任何责任，习近平总书记要求组织部门、综合经济部门、统计部门、监察部门等联合起来加大对领导干部的审查，切实做到有责必究、严厉惩戒。

（一）强化环境监督执法力度

环境治理遇到的最大瓶颈是制度执行不严，违反制度不究。出现这种情况的最大原因是环境政策和制度制定以后，各级部门在经济效益和生态效益、部门利益和公共利益之间博弈，有利的制度执行，不利的制度不执行，口头上执行，实际上却不执行，制度效能难以得到有效发挥。

要真正发挥制度的作用，必须实现制度的完备和制度执行的有机统一，仅有严密的制度没有有效的执行机制，则制度效能低下，形同虚设。若没有完备的制度，制度的执行则无规可依，更是难以

---

① 习近平. 之江新语［M］. 杭州：浙江人民出版社，2007：71.

② 习近平. 习近平关于全面深化改革论述摘编［M］. 北京：中央文献出版社，2014：29.

③ 习近平. 在党的群众路线教育实践活动总结大会上的讲话［N］. 人民日报，2014-10-9.

保证制度效能的发挥。因此，我国在生态文明制度建设中，既要以完备的制度体系做前提，也要加强监督执法，提升制度执行能力。

《关于加快推进生态文明建设的意见》指出，要强化执法监督。[①] 加强法律监督、行政监察，对各类环境违法违规行为实行“零容忍”，加大查处力度，严厉惩处违法违规行为。强化对浪费能源资源、违法排污、破坏生态环境等行为的执法监察和专项督察。资源环境监管机构独立开展行政执法，禁止领导干部违法违规干预执法活动。健全行政执法与刑事司法的衔接机制，加强基层执法队伍、环境应急处置救援队伍建设。强化对资源开发和交通建设、旅游开发等活动的生态环境监管。

保护生态环境关系人民的根本利益和民族发展的长远利益。习近平总书记指出，“环境就是民生，青山就是美丽，蓝天也是幸福。要像保护眼睛一样保护生态环境，像对待生命一样对待生态环境，把不损害生态环境作为发展的底线。”[②] 生态环境没有替代品，用之不觉，失之难存。保护生态环境，功在当代、利在千秋。必须清醒认识保护生态环境、治理环境污染的紧迫性和艰巨性，清醒认识加强生态文明建设的重要性和必要性，以对人民群众、对子孙后代高度负责的态度，加大力度，攻坚克难，全面推进生态文明建设。坚持把节约优先、保护优先、自然恢复作为基本方针，把绿色发展、循环发展、低碳发展作为基本途径，把深化改革和创新驱动作为基本动力，把培育生态文化作为重要支撑，把重点突破和整体推进作为工作方式，切实把工作抓紧抓好，使青山常在、碧水长流、空气常新，让人民群众在良好生态环境中生产生活。

（二）建立中央环境保护督察制度

为了推动各级党委、政府落实“党政同责”“一岗双责”环境保护主体责任，中央专门成立了由环保部牵头，有中央纪委、中组部相关负责人参加的高层次中央环保督察组，代表党中央、国务院对地方党委和政府及其部门的环境保护工作进行督察。2016 年 1 月

---

① 中共中央国务院关于加快推进生态文明建设的意见［M］. 北京：人民出版社，2015：23.

② 中共中央宣传部. 习近平总书记系列重要讲话读本（2016 年版）［M］. 北京：人民出版社，2016：233.

4日至2月4日，中央环保督察组在河北省开展环境保护督察试点工作。针对中央环保督察组移交的问题线索，河北省对487名环保责任人严肃问责，其中厅级干部4人、处级干部33人、科级及以下干部431人、企业主要负责人7人、企业其他管理人员12人，给予党纪政纪处分294人、诫勉谈话117人、免职或调离10人、移送司法机关5人。① 试点基础上，从2016年7月中旬至2017年9月中旬，中央先后派出4批督察组分赴全国各省区市进行环保督察。2016年7月中旬至8月中旬，第一批中央环保督察组进驻内蒙古、黑龙江、江苏、江西、河南、广西、云南、宁夏8省（区）进行督察；2016年11月下旬至12月底，第二批中央环保督察组对北京、上海、湖北、广东、重庆、陕西、甘肃7省（市）进行督察；2017年4月下旬至5月下旬，第三批中央环保督察组进驻天津、山西、辽宁、安徽、福建、湖南、贵州7省（市）进行督察。前两批督察，共计受理群众举报3.3万余件，立案处罚8500余件，罚款4.4亿多元，立案侦查800余件、拘留720人，约谈6307人，问责6454人；第三批督察，共立案处罚8687件，拘留405人，约谈6657人，问责4660人，罚款3.7亿元。2017年8月中旬至9月中旬，第四批中央环保督察组对吉林、浙江、山东、海南、四川、西藏、青海、新疆8省（区）进行了督察。截至9月4日，8个督察组共受理有效举报32277件，累计向被督察地方交办转办29189件；各被督察地方完成查处18565件，其中立案处罚5625家，处罚金额28087.83万元；立案侦查226件，拘留285人；约谈2914人，问责4129人。中央环保督察在两年内实现了对全国31个省（区、市）的全覆盖。2016年，全国各级环保部门共下达行政处罚决定12.4万余份，罚款66.3亿元；全国实施按日连续处罚、查封扣押、限产停产、移送行政拘留、移送涉嫌环境污染犯罪案件22730件。②

中央环境保护督察制度的建立，如利剑出鞘，一改以往环保督察“稻草人”形象。对省以下环保机构监测监察执法实行垂直管理，

① 河北严肃问责487名责任人［N］. 人民日报，2016-11-10.

② 曲青山，黄书元. 中国改革开放全景录：中央卷（下）［M］. 北京：人民出版社，2018：179-180.

全面实行河长制、湖长制及控制污染物排放许可制，生态环境监测数据质量管理、排污许可、禁止洋垃圾入境等环境治理措施加快推进，开展按流域设置环境监管和行政执法机构试点，增强流域环境监管和行政执法合力，实现流域环境保护统一规划、统一标准、统一防治、统一监测、统一执法。提高污染排放标准，强化排污者责任，健全环保信用评价、信息强制性披露、严惩重罚等制度。构建政府为主导、企业为主体、社会组织和公众共同参与的环境治理体系。

四、小结

70 多年来，我国生态环境保护事业从萌芽起步到蓬勃发展，取得历史性成就，发生历史性变革。特别是党的十八大以来，以习近平同志为核心的党中央谋划开展了一系列具有根本性、长远性、开创性的工作，推动我国生态环境保护从实践到认识发生了历史性、转折性、全局性变化。在促进经济社会发展的过程中，我们党带领全国人民不断探索经济发展与生态环境二者的关系，不断寻求人与自然和谐相处之道，不断深化对生态文明建设的规律性认识，为生态文明体制改革积累了极为重要的经验和启示。

第一，党的领导是生态文明体制改革成功的根本保证。坚持把加强党的领导贯穿于生态文明体制改革的全过程，明确党在完善生态环境管理制度中的领导作用，加强改革的总体设计和组织领导，把生态文明建设纳入制度化、法治化轨道；明确党在生态环境治理体系中的领导作用，将坚持党的一元化领导和发动社会的多方参与统一起来，形成齐抓共管局面；明确党在推进生态治理领域“多规合一”中的领导作用，强化国土空间规划对各专项规划的指导和约束。在党的领导下，我国生态文明体制改革坚持问题导向，对准制度短板精准发力，以自然资源资产产权、空间规划体系、环境治理体系、市场体系、绩效考核方式等改革填补了制度空白。

第二，严格坚持落实“党政同责、一岗双责”。强化党的领导，明确地方各级党委和政府要对本行政区域的生态环境保护工作及生态环境质量负总责；各相关部门要履行好生态环境保护职责，管发展的、管生产的、管行业的，都要按“一岗双责”的要求管好环保，将“小环保”真正转变为“大环保”。

第三，制度体系逐步完善。70 年来，我国坚持依靠制度保护生态环境，从“32 字”环保工作方针（全面规划、合理布局，综合利用、化害为利，依靠群众、大家动手，保护环境、造福人民），到八项环境管理制度（环境影响评价、“三同时”、排污收费、环境保护目标责任制、城市环境综合整治定量考核、排污许可、污染集中控制、限期治理），再到生态环境指标成为经济社会发展的约束性指标。特别是党的十八大以来，加快推进生态文明顶层设计和制度体系建设，生态环境损害责任追究、排污许可、河湖长制、禁止洋垃圾入境等制度出台实施，生态环境治理水平有效提升。

第四，环境保护的体制改革不断深化。70 年来，从 1974 年国务院环境保护领导小组正式成立，到 1982 年在城乡建设环境保护部设立环境保护局，到 1988 年成立国务院直属的国家环境保护局，1998 年升格为国家环境保护总局，再到 2008 年成立环境保护部，成为国务院组成部门。特别是党的十八大以来，省以下生态环境机构垂直管理等改革举措加快推进。2018 年 3 月组建生态环境部，统一行使生态和城乡各类污染排放监管与行政执法职责，并整合组建生态环境保护综合执法队伍，生态环境保护职责更加优化强化。

第四章　中国生态文明制度建设思想的主要内容

中国生态文明制度不是单一的制度，而是由多方面的制度构成的制度体系，针对我国生态文明制度建设还存在许多亟须完善和发展的地方，依据党的十八届三中全会通过的《中共中央关于全面深化改革若干重大问题的决定》提出的几项具体措施，本章将主要从健全环境道德教育制度、完善环境保护法治体系、改进考核评价制度以及培育生态文化四个方面解读中国生态文明制度建设思想的主要内容。

第一节　健全环境道德教育制度

环境道德教育制度就是指环境道德教育活动的制度化、法定化，是通过一定程序形成的有关环境道德教育活动的一套规则。环境道德教育制度的建构有赖于一系列法律、法规和政策的出台与实施。[①]环境道德教育制度的制定，不仅可以在全社会普及和强化全民环境保护意识的提升，实现人与环境的和谐相处，更是国家以最小的成本实现环境保护目的的重要措施。环境道德教育制度可以分为环境道德教育正式制度和非正式制度。在环境道德教育实施过程中，两种制度相互制约、相互作用，共同引导、规范、协调、推动着环境道德教育的实施，促进着公民环境道德意识的提高和生态文明的实现。可以说，制度特别是正式的环境道德法规与行政规章是环境道德教育的基本保障，它在环境道德教育中具有重要的地位，发挥着不可或缺的作用。

---

① 柴艳萍，王利迁，王维国. 环境道德教育理论与实践［M］. 北京：人民出版社，2015：304.

一、环境道德教育正式制度

环境道德教育的正式制度是指环境道德教育的法制建设，它是环境道德教育制度创新的重要内容，是对环境道德教育进行规范、指导、协调、监督和评估的重要依据。环境道德教育制度指将现行环境道德教育的宣传和普及等活动规范为法律、法规、准则等。环境道德教育制度有正式和非正式两种。正式制度是指由国家立法机关、教育部门和环保部门自觉地有意识地制定出的各种法律、法规以及经济活动主体之间签订的契约等。这些正式制度必须由权威机构予以颁布实行，其执行也受国家权力的保障。能干什么不能干什么，一清二楚，如若违反就要受到制裁或惩罚。一般有各种正式的文字记载，通常的表达方式是成文的。它的制定颁布和修改废止都要通过一定的程序。环境道德教育制度，特别是相关法律、法规与行政规章都有国家强力机关予以监督。

环境道德教育正式制度的提出是基于制度的权威性。“在现代社会，制度安排已经深入到了人们生活的一切空间，成为调整和维系社会秩序的最基本形式和力量。”① 习近平同志指出：“改革开放以来，我们党开始以全新的角度思考国家治理体系问题，强调领导制度、组织制度问题更带有根本性、全局性、稳定性和长期性。今天，摆在我们面前的一项重大历史任务，就是推动中国特色社会主义制度更加成熟更加定型，为党和国家事业发展、为人民幸福安康、为社会和谐稳定、为国家长治久安提供一整套更完备、更稳定、更管用的制度体系。”② 因此，中国特色社会主义建设事业离不开制度的保驾护航，环境道德教育也离不开制度的保障。在环境道德教育实施过程中，各种制度相互制约、相互作用，共同引导、规范、协调、整合着环境道德教育，促进着公民环境道德意识的提高和生态文明的实现。

---

① 张桂珍. 制度伦理与官德建设［J］. 唯实. 2010（12）：50-53.

② 习近平. 完善和发展中国特色社会主义制度，推进国家治理体系和治理能力现代化［N］. 人民日报，2014-2-18.

维护环境道德教育制度的权威性需要我们做到：一是坚持制度面前人人平等；二是健全确保环境道德教育制度严格执行的具体实施细则，弱化制度执行的随意性；三是实行责任追究，确保环境道德教育制度落到实处，发挥应有的教育功能。

二、强化环境道德教育非正式制度

解决环境问题必须有道德的参与。环境道德教育非正式制度表现为环境伦理道德教育。环境道德教育非正式制度是在社会发展和历史演进过程中自发形成的，不为人们主观意志所转移的文化传统和行为规范，包括人们的环境伦理道德以及自然观等自发形成的风俗习惯、实践系统。这些约束会潜移默化地影响着人的思维方式、行为习惯及选择偏好，而且会形成一种社会无形的压力，令人不得不随众和随大流。环境道德教育是提升公民生态意识整体水平的关键，其内容包括生态道德的意识教育、生态道德的规范教育及生态道德的素质教育等方面。生态道德教育的意义在于提高人们的生态道德素质，使人们形成尊重自然、顺应自然、保护自然的思想理念，拥有保护自然和生命的道德情感和道德意识，最终将这种道德能力外化为一种道德习惯，而后形成自觉遵守保护生态环境的行为准则和道德规范，以更好地履行人们对外部环境的道德义务和生态责任。其关键在于将生态化的思想观念内化为公民的生态文明理念和素养，将生态理念外化成保护生态环境的自觉行动，转化为人们的生态道德实践，以正确处理人口和环境、经济发展和资源保护之间的关系。

环境道德教育为生态文明建设提供道德支持。道德是调整人与人、个人与社会相互关系的行为规范。生态文明是在关爱生态的前提下发展起来的。生态文明建设是在生态道德的指引下，使人们的行为符合生态道德要求，用道德规范去关爱环境，关爱生物，并把这种关爱体现在人类的行为中。生态道德教育要求人们用规范的道德行为善待人类以外的生物和非生物，在确保生态系统不受破坏，不影响生态环境自身的自我调节、自我净化能力的前提下开发和利用资源。爱护物种和环境，才是正义和友善的行为，而滥砍滥伐，任意捕杀，狂采滥挖，污染环境等，则是罪恶的不道德行为。生态道德教育在于引导人们能从理性角度去思考人类行为对社会发展、对人类进步所产生的负面影响，从而自觉地节制自己的行为，向善抑恶，实现经济社会发展与环境保护的共同进步。

环境道德教育有助于提高人们的生态道德修养，增强人们主动建设生态文明上的自觉性。生态道德修养就是人们在认识了生态环境对人类生存、发展的意义之后，在行为上自觉养成尊重生物、保护环境、发展生态的习惯，自觉做到合理开发和利用资源，开展有节制、有限度和适可而止的消费，以做到对环境的最小破坏，以实现“人人爱环境，环境为人人”的可持续发展战略，这正是人类道德水平、道德修养提高的结果。①

环境道德教育还表现为强化保护环境的生态道德义务。众所周知，保护生态环境是人类不可推卸的生态道德义务。人类共同拥有地球资源，也必须共同承担对生态环境的义务。大自然本身没有国界，生态环境是一个不可分割的有机的整体，人类必须共同承担环保义务，并根据责任大小区别对待，各负其责。② 生态道德教育就要改变原来那种只讲人类利益而不顾生态环境，只为攫取而不愿支付，只顾发展而不顾平衡，只要权利而不尽义务的不道德行为，而是把发展经济同保护空气、水系、土壤、森林、动物等结合起来，自觉履行保护生态环境的义务，寻求人与自然的和谐，体现人类更高层次的道德关怀。

倡导生态文化，提升全民生态文化素质，一方面，要以人与自然关系为出发点，处理好人与环境的自然关系，树立人与自然和谐发展理念；另一方面，以人与人为核心，处理好人与人的社会关系，在全社会形成“保护环境，引以为荣”的文化氛围，增强全社会的生态责任感。把培育公众生态文化作为生态文明建设的“软实力”来对待，提高全民的生态意识，切实增强公众参与生态文明建设的能力，强化公众参与的认知基础。

---

① 钟建平. 生态伦理与生态经济［J］. 丽水师范专科学校学报，2003（6）：24.

② 陈学明. 情系马克思：陈学明演讲集［M］. 武汉：武汉大学出版社，2010：504.

总之，环境道德教育制度，一方面，要通过建立环境法律，完善环境道德正式制度；另一方面，要努力将生态文化融入公众意识观念和生活习惯之中，使之转化为公众的自觉保护生态环境的行为，形成持久的环境保护意识；在生态道德教育中，在全国范围内开展以“保护环境，关爱生命”为主题的生态教育活动，广泛动员社会力量参与环境保护，提高公民的生态道德素质。通过完善对生态道德的培育机制，形成具有生态价值理念的社会主义核心价值体系，这是是中国生态文明制度建设不可或缺的重要组成部分。

第二节　完善环境保护法治体系

党的十八届三中全会通过的《中共中央关于全面深化改革若干重大问题的决定》首次明确要建立生态文明制度体系，从源头、过程、后果的全过程，按照“源头严防、过程严管、后果严惩”的思路，阐述了生态文明制度体系的构成及其改革方向、重点任务。构建生态文明制度体系最根本的制度是要建立最严格的生态环境保护制度。不论是源头防控、过程管控、损害赔偿，还是责任追究，每一个环节都要坚持“严”字当头，制度标准要严，执行制度更要严，对违反制度的行为要从严处理。环境保护制度体系包括以源头保护为核心的最严格的环境管理体制、以过程补偿为核心的生态补偿制度、以末端修复为核心的生态修复制度。

一、健全以源头保护为核心的环境管理制度

生态环境源头保护制度体系主要是指以资源生态环境管理制度为中心，在生态环境的保护源头上建立诸如国土空间开发保护制度、自然资源资产产权制度和用途管制制度，以及生态红线制度等。资源生态环境管理制度的建立有助于加强对自然资源环境的产权、使用、监督的管理，有利于实现资源环境高效利用。只有明晰了自然资源环境的产权关系，才能实现使用与保护、权益与责任的统一，缓解资源无节制使用，以及环境污染的情况。

第一，国土空间开发保护制度。国土空间是经济社会发展的载体，是一个国家进行各种政治、经济、文化活动的场所，是人们生存和发展的空间依托。国土空间开发是以一定的空间组织形式，通过人类的生产活动，获取人类生存和发展的物质资料的过程。面对我国资源与环境的现状，亟需建立国土空间开发保护制度，以保障国土资源的可持续发展。我国国土空间开发制度是针对不同主体功能区中资源环境承载能力不同，对于国土空间的用途、开发利用与保护等方式不尽相同。虽然国土规划、土地规划、城市规划、矿产资源规划鉴于其规划主体不同应建立相应的制度等，但其规划原则却是一致的，都将资源环境承载力作为规划的前提条件，忽视资源环境承载力的国土空间开发，势必造成严重后果及灾难性损失。

回顾我国数千年的生产实践，由于不同时期对国土的规划战略不同，形成了不同形态的国土空间格局形式，例如，人口的聚集、基础设施的建设、城市的形成和发展等。随着改革开放，生产力水平提高，带来工业生产能力提高及城镇化进程加快的良好局面，但同时也伴随着人口数量增长、生态环境逐渐恶化的现实窘境。有限的国土资源空间承受巨大的来自资源、环境、人口等多种压力。面对现实中极其脆弱的生态环境，急需建立合适的国土空间开发保护制度，对现有的国土资源进行重新规划，以保障国土资源的可持续发展。2008 年，我国发布了《全国土地利用总体规划纲要（2006—2020 年）》。《纲要》中强调 21 世纪头 20 年，是我国经济社会发展的重要战略机遇期，也是我国资源环境矛盾凸显的时期。这一时期内，要严格控制耕地、节约集约利用土地、统筹隔离用地比例、提高土地的生态化建设、强化对土地的宏观调控。现阶段属于生态文明建设初步规划时期，从土地使用状况看，土地利用总体呈粗放型利用方式，节约利用空间较大，人均耕地少、优质的耕地资源贫乏等现象仍存在，局部地区土地破坏严重，违法用地现象屡禁不止。2012 年，党的十八大报告对国土空间开发的具体措施提出了明确要求，给国土空间开发战略的实施带来了发展契机。报告中“加快实施主体功能区战略”① 与原有的区域发展总体战略和主体功能区战略相互补充，完善国土空间开发保护的战略布局。

第二，自然资源资产产权制度和用途管制制度。中共中央关于全面深化改革若干重大问题的决定》（以下简称《决定》）提出，健全自然资源资产产权制度和用途管制制度。对水流、森林、山岭、草原、荒地、滩涂等自然生态空间进行统一确权登记，形成归属清晰、权责明确、监管有效的自然资源资产产权制度。建立空间规划体系，划定生产、生活、生态空间开发管制界限，落实用途管制。健全能源、水、土地节约集约使用制度。健全国家自然资源资产管理体制，统一行使全民所有自然资源资产所有者职责。完善自然资源监管体制，统一行使所有国土空间用途管制职责。自然资源是人类赖以生存和发展的基础，由于大部分自然资源的不可再生性，决定了应从自然资源开发的源头上防范破坏生态环境的行为。源头防治最重要的是政府要明确自然资源的产权问题。对于自然资源产权，是个新名词。产权是经济所有制的法律表现形式，自然资源产权制度则是对自然资源的所有、使用、经营等法律制度的总称，在占有权、使用权和收益权上使之具有法律效益。构建归属清晰、权责明确、监管有效的自然资源资产产权制度有利于自然资源的集约开发利用和生态保护修复。随着经济社会发展，我国自然资源资产产权制度逐步建立，特别是党的十八大以来，自然资源资产产权制度改革提速，在推进自然资源统一确权登记、完善自然资源资产有偿使用、健全自然资源生态空间用途管制和国土空间规划、加强自然资源保护修复与节约集约利用等方面进行了积极探索，同时农村集体产权、林权等一批产权制度改革加快推进，形成了一系列制度方案、标准规范和试点经验。

耕地用途管制制度是自然资源用途管制制度重要内容之一。耕地是人类发展的物质基础，是人类利用自然资源的重要方式之一。耕地不仅是人们生存的必要条件，也是经济发展的重要基础。耕地用途管制是实现土地合理规划的依据，也是资源环境管理制度的重

① 胡锦涛. 坚定不移沿着中国特色社会主义道路前进 为全面建成小康社会而奋斗——在中国共产党第十八次全国代表大会上的报告［M］. 北京：人民出版社，2012.

要内容之一。为了使土地用途发挥其最大利用效益，达到保护生态环境的目标，应结合当时当地的经济发展需要以及土地的客观情况，对土地的布局结构进行合理分析，调整结构布局，进而实现对各类土地的合理开发使用。土地用途能否最大限度地加以完善，直接影响着土地的利用效果，也决定了耕地资源能否实现最优配置。可见，土地用途直接影响土地资源与耕地资源用途的平衡。目前，我国土地用途管制是由《土地管理法》进行规范，但《土地管理法》中对土地用途管制的规定只是从宏观规划角度出发，对耕地用途的规定较少，缺乏具体的针对性，遇到复杂问题则暴露了其规定的不全面性。为此，要制定专项法规对耕地用途管制细节进行规范，使土地规划管理具有可操作性和可执行性等特点。科学、规范合理的土地利用规划，不仅能实现土地资源价值的最大化，也是保护耕地资源的重要措施。

水资源保护制度也是自然资源用途管制制度重要内容之一。水是生命之源，生存之基，党中央、国务院始终高度重视我国水资源的管理工作。2004 年 3 月 10 日，胡锦涛在中央人口资源环境工作座谈会上的讲话针对农村水利建设，指出加强节水灌溉、水土保持、牧区水利等基础设施建设①。2005 年 3 月 12 日，胡锦涛在中央人口资源环境工作座谈会上的讲话进一步指出，“要完善水资源管理体制，积极推广先进实用的节水技术，加强防汛抗旱和水利建设。”②回良玉曾在 2009 年全国水利工作会议上明确提出，“从我国的基本水情出发，必须实行最严格的水资源管理制度。”陈雷在 2009 年全国水资源工作会议上发表了题为《实行最严格的水资源管理制度 保障经济社会可持续发展》的重要讲话。2011 年中央一号文件指出，要“实行最严格的水资源管理制度”，“要建立用水总量控制制度、用水效率控制制度、建立水功能区限制纳污制度和水资源管理责任和考核制度”。2011 年中央水利工作会议明确提出，“要大力推进节

① 本刊编辑部. 胡锦涛温家宝关于水土保持、生态与环境建设的部分论述［J］. 中国水利，2004（12）：5.

② 本刊编辑部. 胡锦涛温家宝关于水土保持、生态与环境建设的部分论述［J］. 中国水利，2005（12）：5.

水型社会建设，实行最严格的水资源管理制度，确保水资源的可持续利用和经济社会的可持续发展。"① 2012 年 1 月，国务院出台了《关于实行最严格水资源管理制度的意见》（以下简称《意见》），指出"水是生命之源、生产之要、生态之基"。《意见》对我国实行最严格水资源管理制度作了全面部署和具体安排，充分体现了党中央对水资源管理的高度重视和坚定决心，标志着实行最严格水资源管理制度已经上升为国家发展的战略性高度，对我国水资源的可持续利用和经济社会的有序发展起到了巨大的推动作用。当前我国水资源面临水资源短缺、污染严重、水生态环境恶化等现象，严重制约了我国经济社会的发展。实行最严格的水资源管理制度是解决水资源发展瓶颈的根本途径，也是实现水资源高效利用和有效保护的制度保障，是建设环境资源管理制度的需要。

第三，生态红线制度。生态红线制度的基本目标是通过合理的制度安排，严守资源环境保护的底线，最重要的就是要严格划定各类生态红线。严格的生态环境保护制度应当根据不同保护主体划定明确的保护红线。科学完备的生态红线应包含五类：一是生态红线，主要包括对生态保护类、空间管制类的红线，应当以主体功能区划、生态功能区划和环境功能区划为基础；二是准入红线，国家和不同地区根据具体情况制定准入标准，严格重污染项目的准入条件；三是总量红线，以不同地区的环境质量状况和目标为依据，设定总量红线；四是环境质量红线，根据不同的环境要素，分区域制定差异性的质量目标；五是制度红线，进一步严格法律法规和责任追究制度，制度红线不可逾越。② 在生态红线制度中，五条红线相互制约、共同促进。生态红线是从宏观生态环境角度，以生态功能为核心的总的红线；准入红线是从污染源入手，针对保护项目所设立的红线标准；总量红线和环境质量红线则是从环境的状况和目标角度，加以限定，确保不同区域环境的质量在一定标准的范围之内；制度红线则是以上四种红线的法律保障，以确保其他红线的有效实施。生态红线的划定一方面给人以警示的作用，体现了环境保护制度的权

① 左其亭. 最严格水资源管理制度理论体系探讨［J］. 南水北调与水利科技，2013（2）：34.

② 童克难，高楠. 解读最严格的环境保护制度［N］. 中国环境报，2013-8-28（004）.

威性，另一反面也规定了环境保护的底线原则，彰显了环境保护制度的不可逾越性。习近平指出，要严格按照优化开发、重点开发、限制开发、禁止开发的主体功能定位，划定并严守生态红线，构建科学合理的城镇化推进格局、农业发展格局、生态安全格局，保障国家和区域生态安全，提高生态服务功能。要牢固树立生态红线的观念①。生态红线制度是强化生态保护的强制性规范性手段，将对维护国家和区域生态安全、保障我国可持续发展能力发挥十分重要的作用。

二、建立以过程补偿为核心的生态补偿制度

生态补偿机制针对区域性生态保护和环境污染防治领域，是一项具有经济激励作用，与谁污染谁付费原则并存，基于受益者和破坏者付费原则的环境经济政策。我们要根据生态保护成本、发展机会成本，综合运用行政和市场手段，调整生态环境保护和建设相关各方之间利益关系。同时要进一步完善生态补偿机制，在该机制中充分考虑外部性成本和生态治理成本，完善的生态补偿机制可以保护生态环境，促进人与自然和谐相存。② 习近平总书记指出：要“建立反映市场供求和资源稀缺程度、体现生态价值、代际补偿的资源有偿使用制度和生态补偿制度，……环境损害赔偿制度，强化制度约束作用”③。加强生态补偿制度建设是我国当前修复生态环境的重要手段，资源有偿使用制度和环境损害赔偿制度是生态补偿制度的重要组成部分。

第一，资源有偿使用制度。生态是资源，也是资本，利用生态就要付费。因为现代生态系统已经是人化的自然系统，只有投入一定量的劳动和资本，才能再生产出维持生态环境具有人类生存和社

---

① 本报编辑部. 坚持节约资源和保护环境基本国策 努力走向社会主义生态文明新时代［N］. 人民日报，2013-05-25（1）.

② 张杰. 对我国自然资源产权制度的认识与思考［J］. 商，2013（4）：184.

③ 中共中央文献研究室. 习近平关于全面深化改革论述摘编［M］. 北京：中央文献出版社，2014：105.

会经济发展所需的使用价值①。因此，对于我们生存的自然环境，不能仅有索取，还应有大量的投资。近年来，伴随着生态破坏，生态产品显示出稀缺性的特点，人们逐渐意识到，对生态环境不能仅仅要求索取，还应对其进行投资，才能够获得更高的生态资本回报。如果要保持这种投资的持续性，就要通过制度创新，保障生态资源保护者的合理回报，而资源有偿使用制度就是能够有效地激励人们从事生态投资，并使生态资本增值的一种生态文明制度形式。为此，国家和地方都制定了一些涉及资源有偿使用的相关制度和措施，但总体来说，资源有偿使用制度建设还比较薄弱。因此，要探索全面反映市场供求、资源稀缺程度、生态环境损害成本和修复效益资源性产品价格形成机制，坚持使用资源付费和谁污染环境、谁破坏生态谁付费原则，加快开征环境税，完善计征方式。同时对受到环境污染的企业和个人要给予经济赔偿，可以使“污染者负担的原则”落到实处，从而有效地分解和传递环境责任，并彰显生态公平。我国应尽快建立并完善废弃物及排污收费制度，将排污权交易引入市场机制，把污染治理从政府的强制行为变成企业自主的市场行为，运用经济杠杆来激励企业治理环境污染。

第二，环境损害赔偿制度。“环境损害赔偿制度是一项环境民事责任制度，它建立的机制是通过对环境不友好甚至是污染破坏的行为的否定性评价来引导人们不去从事破坏环境的行为。任何人或者企业，如果不依法履行环境保护义务，可能招致巨额的赔偿”②。我国目前已经建立的环境损害赔偿制度，主要是对因环境污染所造成的人身损害和直接财产损害、精神损害的赔偿，基本上属于传统的民事损害赔偿制度的范围，注重对“个人”的赔偿。缺乏对环境公益损害、间接财产损害和环境健康损害等对“后代人”“全人类”的赔偿。“环境污染损害赔偿制度是实现生态文明发展观和发展方式转变的重要途径。制度的特征是震慑性，通过赔偿显示污染行为所要付出的代价，实现责任明确化，损害货币化，赔偿精确化，进而

① 原新. 可持续适度人口的理论构想［J］. 人口与经济，1999（4）：38.

② 本刊编辑部. 环境损害赔偿制度［J］. 吉林环境，2013（2）：50.

实现用制度约束、引导人的行为”①。

环境损害赔偿制度看似对事件发生后的赔偿问题，实质在于提倡对生态环境的保护，是对破坏环境行为导致环境危害的警醒，是对人们破坏环境后果的明确预期。环境损害的内容包括两部分：直接损害与间接损害。直接损害针对生态环境本身，间接损害针对人身健康和财产安全。直接损害具有隐蔽性、复杂性，间接的人身损害更明显。相对于其他环境保护手段，损害赔偿更具有公开性，对人身财产的破坏更具体明确，处理不好将引发群体性事件。环境污染损害是用极端的方式告诫人们对生态环境保护的意识，用最直观、最直接的方式表现环境恶化与经济发展之间的关系，展现经济与环境不和谐的后果。无论是重大污染事件还是长期的污染危害，都是生态文明发展方式的指示剂。②

三、加快以末端修复为核心的生态修复制度建设

在生态系统的终端，鉴于生态系统本身的修复能力，对生态系统进行修复，是生态环境保护制度在生态保护末端实施的主要方式。对于生态修复的含义，不同领域有不同的认识。有的学者将生态修复单一地理解为“土地生产力的恢复以及强调其与景观环境的一致性”③。还有学者从生态系统的整体性出发，指出“生态修复是帮助整个生态系统恢复并对其进行管理的人类主动行为，资源枯竭矿区生态修复不仅包括生态系统的重建，还包括景观结构修复、生态过程修复、生态服务功能修复、人文生态修复和生态经济修复以及社会经济修复等各个方面，是调节人与自然、环境与经济发展的共轭生态修复”④。简单说，“生态修复是通过一定的生物、生态及工程的技术与方法，在自然生态系统自身和适当的人为作用下，将被损害的生态系统恢复到或达到接近受干扰前功能的一个过程。比如被

---

① 宋宇. 生态文明视角下的环境损害评估与赔偿制度化研究［J］. 中州学刊，2014（6）：89.

② 宋宇. 生态文明视角下的环境损害评估与赔偿制度化研究［J］. 中州学刊，2014（6）：89.

③ 艾晓燕，徐广军. 基于生态恢复与生态修复及其相关概念的分析［J］. 黑龙江水利科技，2010（3）：45.

④ 吴鹏. 生态修复法制初探——基于生态文明社会建设的需要［J］. 河北法学，2013（5）：171.

砍伐的森林要植树、退耕还林，使生态系统得到相应恢复，称为生态修复”①。生态修复的主要方式是采取生态性的生产方式，尤其是通过生态技术手段，以逐步恢复生态系统的结构和功能，使之达到生态系统持续发展的目标，是在追求经济发展的同时保持生态系统稳定的一种发展方式，最终实现生态系统的平衡。然而，在经济发展的背景下，不断恶化的生态环境现实预示着，仅从技术上进行生态修复是不够的，必须建立相应的修复制度保障生态修复的有效推进。

第一，耕地的整理及复垦制度。耕地开发、整理、复垦是土地整合的重要手段，也是修复土地功能的方式之一，是我国修复生态环境的必然选择。目前，我国耕地的开发和整理主要通过行政法规对其进行规定，法律法规涉及较少，关于耕地的开发、整理、复垦的具体规定较为片面，在实际工作中，耕地在开发和整理过程中强制约束力不足，制度的实施效果不尽如人意，耕地的开发和整理工作阻碍重重。因此，健全我国耕地开发整理等方面的法规势在必行。我国耕地开发、整理工作应重点针对土地复垦中存在的破坏生态环境的问题，加以严格规范，严格划定耕地红线，加大监督和惩治力度，不应为了实现耕地的复垦数量而忽视耕地的可持续使用，造成生态环境的破坏。实现耕地开发、整理、复垦制度的具体化和法制化，酌情更新耕地的审批和追究制度，为实现耕地资源的集约化利用奠定法律基础，推进耕地保护制度完善。

第二，耕地的占补平衡制度。对耕地实施占补平衡，是修复生态系统的重要措施。《中华人民共和国土地管理法》第三十一条第二款规定：国家实行占用耕地补偿制度。非农业建设经批准占用耕地的，按照“占多少、垦多少”的原则，由占用耕地的单位负责开垦与所占用耕地的数量和质量相当的耕地；没有条件开垦或者开垦的耕地不符合要求的，应当按照省、自治区、直辖市的规定缴纳耕地开垦费，专款用于开垦新的耕地。该项规定，不仅明确了我国耕地在使用过程中的补偿措施，而且还对耕地补偿的效果作了规定，即耕地占补平衡制度一方面要保障耕地资源的数量，另一方面也要保

---

① 黄蓉生. 我国生态文明制度体系论析 [J]. 改革，2015 (1)：46.

障耕地的质量。可以说，该制度的实施是保障耕地总量动态平衡的有效措施，也是保护耕地数量和质量的最后一道防线。

第三节　改进考核评价制度

建立和完善生态文明建设目标评价考核制度，既是我国生态文明体制改革的重要内容，也是实现生态文明建设领域治理体系和治理能力现代化的重要制度安排。科学的考核评价体系犹如“指挥棒”，是生态文明制度建设的重要导向。中共中央办公厅、国务院办公厅印发的《生态文明建设目标评价考核办法》，是我国首次建立的国家层面的生态文明建设目标评价考核制度，构建了统一的生态文明建设目标评价考核体系。

一、健全绿色政绩考核评价制度

生态文明建设是一项系统工程，需要政府、企业、社会公众等多方面力量共同参与，合力作用，才能有效推进。从政府的视角来看，就要强化政府的生态责任，创新政府管理，充分发挥政府职能，采取相应的措施，才能顺利推进。在我国传统的政府管理中，生态管理职能薄弱，管理滞后，过度注重经济发展而忽视了生态环境的保护，以牺牲自然环境为代价换取经济增长，虽然现代化进程加速，经济大幅增长，但是不合理的经济发展方式造成了环境恶化与资源匮乏，甚至某些地区已陷入发展的困境。由于目前大众的生态意识还比较淡薄，生态文明建设事关人类的长远利益和整体利益，投资大、风险高、短期收益相对较少，很难满足市场经济主体利润最大化的目标。因此，需要政府制定完善的经济政策支持体系，加大财政投入，提供各种优惠政策，引导市场经济主体向着生态化的方向转变，使市场经济主体摆脱成本高、风险大的困境。因此，完善政策支持体系对生态文明建设起着至关重要的作用。生态文明建设支持政策包括税收政策和财政政策等。税收政策和财政政策的支持是推进生态文明的有效手段。

我国绿色考评制度的发展经历了由不确定到日趋完善的过程。2007 年，党的十七大报告初步提出了环境保护责任制度的重要性，为政府绿色考评制度的形成奠定了基础。广义上讲，绿色政绩考评是指："考评机关按照一定的程序对政府领导干部在行使其环保职责、实现政策与法律的过程中体现出的管理能力进行考核、核实、评价，并以此作为选用和奖惩干部的依据的活动过程"①。2012 年党的十八大报告在此基础上正式提出建立"绿色政绩考评"制度，将资源消耗、环境损害和生态效益等指标纳入经济社会发展的评价体系之中，要求建立符合生态文明要求的生态发展目标及奖惩评价机制。近几年，随着中央对生态文明建设重视程度不断加深，地方政府也将生态文明建设这一指标纳入干部绩效考核之中，但是由于之前过度关注 GDP，将 GDP 作为考核干部的主要手段，导致生态文明绩效评价指标在现有干部绩效考核中所占的比例相对较低，达不到让地方政府干部足够重视的程度。同时，由于政府部门之间有些政策无法协调，现有的生态文明评价指标体系又无法准确衡量，所以在干部绩效考核时必然更加注重 GDP，轻视生态文明建设指标。

建立领导干部绿色政绩考核评价制度是改进考核评价制度的关键。长期以来，我国在干部选拔、任用机制方面过分注重其政治和经济业绩，忽视了对各级政府生态业绩的考察，一定程度上加剧了环境保护与经济增长的矛盾。现实发展窘境表明，落后的管理体系已不能适应生态文明建设的发展要求，应依据现实发展适时转变过时的考核体系，建立新型的政府考核评价制度。2013 年 9 月，习近平在参加中共河北省委常委班子专题民主生活会讲话时对领导干部的政绩考核提出了新要求，他指出："要给你们去掉紧箍咒，生产总值即便滑到第七、第八位了，但在绿色发展方面搞上去了，在治理大气污染、解决雾霾方面作出贡献了，那就可以挂红花、当英雄。反过来，如果就是简单为了生产总值，但生态环境问题越演越烈，或者说面貌依旧，即便搞上去了，那也是另一种评价了。"② 可见，

---

① 孙洪坤，韩露. 生态文明建设的制度体系［J］. 环境保护与循环经济，2013（1）：15.

② 中共中央文献研究室. 习近平关于全面深化改革论述摘编［M］. 北京：中央文献出版社，2014：107.

在生态文明建设背景下，实现绿色 GDP 的经济发展目标，最根本的是观念的转变，尤其是干部政绩观的新转变，摒弃片面追求经济增长的错误政绩观，在领导干部中树立绿色政绩观，把环保指标纳入干部政绩考核的指标体系之中，建立领导干部绿色政绩考核评价制度。

绿色政绩考核评价的核心就是要完善领导干部的绿色政绩考核制度。领导干部的执政理念关乎生态文明制度实施的具体效果，对其政绩的评价形式也是决定其执政观念的重要因素。鉴于一些干部只顾经济效益而忽视环境效益的错误政绩观，在建设生态文明的背景下，对领导干部的政绩考核也应有所转变，实施绿色的政绩考核评价制度。领导干部是生态文明建设的领导者和执行者，领导干部的环保意识和发展理念对生态文明建设的实施效果有很大影响。然而，有个别领导干部把其政绩简单地理解为经济上 GDP 的数值大小。在这种以经济指标论政绩成败的错误政绩观指导和驱使下，一些地方干部甚至以牺牲地方生态环境为代价追求一时的经济增长速度，造成了严重的资源危机和环境破坏。为此，2012 年党的十八大报告提出了建立“绿色政绩考评”制度的方针，把资源消耗、环境损害、生态效益纳入经济社会发展的评价体系，这就是绿色政绩考核评价指标体系。所谓绿色政绩考核指标体系，就是把绿色 GDP 核算（GDP 扣除生态、资源、环境成本和相应的社会成本）的主要内容和指标作为干部政绩考核的硬性指标①。对领导干部进行绿色政绩考核评价的目的，在于科学评价领导干部的工作实绩，引导领导干部形成正确的施政导向。领导干部树立“绿色政绩观”，就要把生态文明建设的各项要求转化为各级领导干部的工作追求和目标，更加积极地保护生态。完善领导干部的绿色政绩考核制度，还要建立绿色政绩考核的制度保障体系和监督机制。要把党政领导干部绿色政绩考核的内容、方式和标准法律化、制度化，真正做到有章可循、有法可依、按章办事。

此外，应建立一整套严密的组织监督和广泛的民主监督相配套

---

① 姜艳生. 对建立干部绿色政绩考核体系的思考［J］. 领导科学，2008（3）：27.

的有效制度，把制度约束与群众监督、社会监督和舆论监督结合起来[①]，拓宽监督渠道，聘请专业的绿色政绩考评工作监督人员，公开监督电话和举报邮箱等，建立领导干部绿色政绩公示制度、绿色政绩标准体系等，将考评内容、过程及结果在网上公布，增加绿色考评制度的透明度，使得干部接受广大人民群众的监督。对绿色政绩考核优秀的干部，可以给予相应的物质奖励等方式进行鼓励，通过激励机制带动其他领导干部的环境保护建设。对绿色政绩考核结果较差的干部，坚决进行惩治，取消其行政职责或者给予相应罚款等，尤其是对以损害环境利益换取经济增长的事件进行严肃处理。

总之，绿色考核评价思想是生态文明制度建设思想的重要组成部分。这一制度的确立，一方面，将绿色 GDP 发展目标纳入领导干部考核体系之中，有助于从环境保护的终端即评价体系上缓解经济建设与资源环境的矛盾；另一方面，也有助于实现对政府官员政绩的更完善、更科学的考察，完善干部考核评价体系。可以说，绿色政绩考核评价体系丰富了政府政绩考评的主要内容和指标体系，是符合生态文明制度建设要求的责任体系，是改进我国资源与环境统计工作的重要措施。另外，政府也应加快出台和完善有关绿色 GDP 核算的环境统计规划、统计制度和统计标准，为绿色 GDP 的实施创造良好的外部条件。

二、科学制定生态奖惩制度

针对目前我国经济发展中普遍存在重视眼前利益、忽视长远利益，重视经济效益、轻视环境效益等问题，[②] 应在生态文明制度建设中破除这种发展观念，首要的就是转变思想，特别是要转变领导干部的思想观念，这是因为领导干部的思想观念在生态文明建设中极其重要，其决策思路和管理理念直接决定了生态文明建设的成败。因此，推进生态文明制度建设，不仅要按照中央要求，努力完善经济社会发展考核评价体系，还要将资源消耗、环境损害、生态效益

① 姜艳生. 对建立干部绿色政绩考核体系的思考［J］. 领导科学，2008（3）：27.

② 陈旭. 论我国生态文明建设的制度设计创新［J］. 四川行政学院学报，2013（2）：5.

等体现生态文明建设状况的指标纳入经济社会发展评价体系，尤其是干部考核评价体系之中，建立体现生态文明要求的目标体系、考核办法、奖惩机制。通过奖惩机制的建立，把生态文明建设中空虚的“理念”或者“口号”转变为实践中看得见、摸得到的可操作性的任务。

在现实社会发展中，由于生态价值的公共性，一方价值的实现同时会损害另一方的经济利益。社会中一些个人、企业甚至团体污染、破坏环境，造成了巨大的生态负值，却不必付出经济成本；另一些部门、单位却在积极地保护生态环境，创造了巨大的生态价值，但其经济利益却得不到保障。这种生态价值与经济利益的不对等，严重影响了社会公平公正的发展机制。为此，明确生态价值的所有权，建立完善的生态奖惩机制，可以在改善社会生态环保风尚的同时，促进生态文明制度建设的健康发展。科学的生态奖惩制度应该依据绿色考评制度的具体要求，将生态建设及保护的成果纳入干部考核体系之中，进一步完善干部考核制度的评价标准。把环境保护、污染治理等涉及生态文明建设成果的内容作为考核干部任免、奖惩的重要依据之一，以此来更全面地衡量干部政绩。此外，也应制定有关的约束和奖励机制。通过科学的评价标准评判干部政绩，引导领导干部正确处理经济发展中资源环境和社会发展的矛盾关系。

生态奖惩制度包括“在政府主导下，为实现生态文明而进行有效的环境治理，针对人们的社会经济行为，特别是与生态保护相关的各种行为而制定的奖励和惩罚的措施、手段、规章以及管理制度的总和”①。也就是说，在生态文明建设过程中，各级政府部门不仅“要将生态文明建设的要求体现在政绩考核的标准和办法中，建立刚性的评价机制和硬约束，同时也要将生态文明建设的目标纳入地区发展规划”②，着眼于资源环境的可持续发展，坚持“谁破坏谁负责、谁开发谁保护、谁受益谁补偿”的原则，既要对保护环境的干部及企业进行奖励，完善相关的生态奖励政策，又要对忽视生态价

① 刘科. 生态奖惩机制与我国生态文明构建［J］. 环境保护与循环经济，2014（1）：5.

② 刘洋. 如何加强生态文明制度建设——访北京林业大学人文社会科学学院院长严耕［J］. 环境保护与循环经济，2012（12）：15.

值的干部及企业实施严惩，严肃处理为单纯追求政绩而忽视生态建设的干部，对企业则增加环境破坏成本，促使其绿色生产。

总之，科学的生态奖惩制度以绿色的考评制度为前提，不仅体现经济社会的发展要求，也是干部政绩考核的重要评价体系之一。事实上，单纯的奖励和惩罚并不是建立生态奖惩制度的最终目的，生态奖惩制度是要通过这样一种科学的制度形式激励人们的生态保护意识，进而将生态保护的意识发展为一种自觉的行动，形成一种对环境保护的集体认同感，营造生态文明建设的良好氛围，最终达到人们自觉保护生态环境的目标。

三、严格责任追究制度

绿色政绩考核体系不仅有政绩考核、奖惩评价等内容，还包括严格的责任追究制度。党的十八大报告指出：要“加强环境监管，健全生态环境保护责任追究制度和环境损害赔偿制度”①。环境保护责任追究制度是明确生态环境保护责任主体的制度形式，也是把生态文明建设融入政治建设的重要环节。我国当前的生态责任追究制度不完善。对此，习近平指出，要建立对领导干部的责任追究制度②。依据生态环境保护的权利与责任相统一的原则，环境保护责任追究制度将生态环境保护责任落实到承担领导和管理责任的政府部门及其官员。这一制度是包括政治责任、民事责任、行政责任和刑事责任在内的严密责任体系。严格的生态环境保护责任追究制度，一方面明确了生态环境保护中各部门承担的环境保护责任，直接让破坏生态环境的责任主体承担后果；另一方面，完备的责任制度，将监察部门、司法机关和社会舆论等联合起来，将破坏生态环境的责任追究切实落到实处。

严格的责任追究制度，必须应该实行终身追责。③ 习近平总书记

---

① 胡锦涛. 坚定不移沿着中国特色社会主义道路前进 为全面建设小康社会而奋斗［J］. 求是，2012（22）：19.

② 中共中央文献研究室. 习近平关于全面深化改革论述摘编［M］. 北京：中央文献出版社，2014：105.

③ 李干杰. 加强党的领导科学 开展问责［J］. 环境保护，2019（21）：8-9.

严厉指出，“对那些不顾生态环境盲目决策、造成严重后果的人，必须追究其责任，而且应该终身追究”①。2015 年 1 月 1 日起施行的新修订的《环保法》贯彻了中央关于大力推进生态文明建设、关于全面推进依法治国的要求，是现阶段最能体现生态文明理念的《环保法》。新《环保法》中首次明确规定了对主要负责的领导干部实行“引咎辞职”政策，有助于进一步增强领导干部的生态责任意识。《生态文明体制改革总体方案》（2015 年），明确规定了“建立生态环境损害责任追究制”。实行地方党委和政府领导成员生态文明建设一岗双责制。以自然资源资产离任审计结果和生态环境损害情况为依据，明确对地方党委和政府领导班子主要负责人、有关领导人员、部门负责人的追责情形和认定程序。区分情节轻重，对造成生态环境损害的，予以诫勉、责令公开道歉、组织处理或党纪政纪处分，对构成犯罪的依法追究刑事责任。对领导干部离任后出现重大生态环境损害并认定其需要承担责任的，实行终身追责。对于生态环境保护方面造成严重破坏的干部以及评价考核不合格的各级党委和政府领导成员，坚决不予提拔或者任职重要岗位。对贯彻落实环境保护决策部署不彻底、执行环境保护法律不严、未通过环境评价而盲目进行项目建设、对生态环境损害事件处置不合理的党政领导干部，按照《党政领导干部生态环境损害责任追究办法（试行）》《刑法》等党内法规和国家法律的规定，严格追究其党纪政纪和法律责任。同时，建立评价考核与领导干部自然资源资产离任审计联动机制，将任期内生态文明建设年度评价排序靠后、五年考核不合格或多次发生重大生态环境破坏事件的地区领导干部，作为自然资源资产离任审计的重点对象，按照《领导干部自然资源资产离任审计规定（试行）》的规定予以重点审计②。

总之，完善领导干部的绿色政绩考核评价体系是生态文明制度建设重要组成部分。完善干部考核评价制度，一方面要改革领导干

---

① 中共中央文献研究室．习近平关于社会主义生态文明建设论述摘编［M］．北京：中央文献出版社，2017：99-100.

② 李昌凤．完善我国生态文明建设目标评价考核制度的路径研究［J］．学习论坛，2020（3）：89-96.

部的政绩评价标准，转变“唯GDP至上”的干部政绩评价体系，实施绿色的政绩考核评价制度，把资源消耗、环境损害、生态效益纳入经济社会发展评价体系之中，把单纯追求GDP增长指标转变为有效衡量生态文明发展的指标考核标准，建立体现生态文明要求的考核办法、奖惩制度，形成生态文明建设的长效机制；另一方面，要完善生态环境保护的责任追究制度。明确将环境保护纳入政府决策者政绩的考核体系，政府决策者应树立“环境保护与经济增长同等重要”的观念。层层签订生态环境建设目标责任制，督促行使环保职能，抑制地方保护主义。把生态文明建设纳入依法治理轨道，建立和完善职能有机统一、运转协调高效的生态环保监督管理机制。

第四节　培育生态文化

一种符合社会发展规律的制度创新，需要有一定的价值观念、伦理道德、思维方式等意识形态的引导与之适应，只有意识形态建设方面取得突破并为社会所接受时，制度创新才能有效推进。因此，加强意识形态的建设能够促进制度创新的更好践行。① 加强意识形态建设，最重要的就是通过教育方式。马克思指出，批判的武器当然不能代替武器的批判，物质力量只能用物质力量来摧毁；但是理论一经掌握群众，也会变成物质力量②。教育是提升人类文明进步的重要力量，是形成生态文明价值观、推动生态文明制度建设的内在条件。党的十八大报告明确指出：要加强生态文明宣传教育，增强全民节约意识、环保意识、生态意识，形成合理消费的社会风尚，营造爱护生态环境的良好风气。③ 要通过深入开展生态文明宣传普及教育，使生态文明制度真正深入社会公众头脑，内化于心，外化于行

---

① 郭海宏，卢宁. 马克思主义意识形态与创新中国特色社会主义制度论［J］. 湖南社会科学，2011（3）：23.

② 马克思，恩格斯. 马克思恩格斯文集：第1卷［M］. 中共中央马克思恩格斯列宁斯大林著作编译局，编译. 北京：人民出版社，2009：11.

③ 胡锦涛. 坚定不移沿着中国特色社会主义道路前进 为全面建成小康社会而奋斗——中国共产党第十八次全国代表大会报告［M］. 北京：人民出版社，2012：41.

动。培育生态文化可以从普及公众生态文明理念、加强学校绿色教育及推进企事业单位的生态文明制度建设三个方面展开，引导公众形成符合生态文明价值取向的生活方式和消费方式。

一、建立全民生态文明宣传教育制度

生态文明建设关系到人民福祉、关乎民族未来，重在建设、贵在全民参与。以新型媒体传播生态文明意识，是提高全民参与生态文明建设的有效途径，也是完善公众生态文明宣传教育的必要手段。加强生态文明的宣传教育，首先要在创新生态文明宣传方式基础上，普及生态文明观念。广泛利用环境知识科普日、生态宣传周等活动形式，结合人们生产生活的实际，大力宣传生态文明的有关思想，引导全社会树立尊重自然、顺应自然、保护自然的生态文明理念，养成绿色、低碳、环保的生产生活习惯。

首先，加强生态忧患意识教育，提高群众对环境危机的认知。忧患教育可以使人们未雨绸缪，提高对资源危机和环境恶化的认知。生态忧患意识教育能帮助人们了解当今生态问题的严重性，是树立生态意识、完善生态文明观念教育制度的有效措施。观念决定行动，对于生态意识的认知程度，直接决定了公众的生态行为方式。面对当前人口、资源、环境的矛盾，通过生态忧患意识的教育，让大众意识到继续过度消耗资源，谋求经济利益只能是毁坏人类的生存环境，危及人类自身的发展。生态忧患意识的教育能激发公众建设生态文明的信心，提高自身积极履行生态文明建设的社会责任。

其次，动员群众参与生态文明建设，提高群众全面参与生态文明建设的积极性。心动才能行动，生态文明建设若想深入人心，必须动员社会公众参与生态文明建设，加快建立自上而下的宣传教育机制，形成公众积极参与生态建设的良好氛围。在具体的机制建立上，可从以下方面着手：一是建设动员机制，针对不同年龄、性别、区域的对象设计不同的宣传方式和内容，从思想和行动上动员其参与生态文明建设；二是建立推动机制，挖掘各类平台，创新多种宣教模式和渠道，使生态文明理念深入公众生活；三是建设技术支撑机制，运用网络支撑、技术设备支撑、新旧媒体支撑、教育支撑，提高生态文明宣传的硬件水平和能力；四是建设文化推广机制，用高质量的环境文化作品，烘托生态文明建设气氛①；五是建设生态政绩考核推广机制，推动树立绿色政绩观。

最后，创新生态文明宣传教育模式，是提高全社会生态文明教育水平的有效手段。生态教育的目的在于提升生态意识。生态意识的提升则需要完善的公众生态文明教育制度作保障。参照时下信息传播方式的多样化特点，生态文明的宣传教育模式也应适时做出调整，在丰富宣传内容使之多元化的同时，也要创新宣传形式，改变以往静止、平面为主的宣传策略，将图文并茂等立体宣传手法融入环保教育活动之中，丰富宣传模式。通过大众媒体推出一系列的以宣传生态文明建设为主旨的创新活动，比如：环保情景剧、环保动画设计大赛等。以群众喜闻乐见的环保宣传节目为突破口，运用微信、微博及微视等公众媒介传播平台，普及生态知识，加深公众对生态文明建设重要性的认知。此外，生态文明宣传教育制度也有助于提高公众参与环境保护的积极性和主动性，为生态文明制度建设打下坚实的群众基础。不仅如此，生态文明的宣传教育制度除了以政府的环保、宣传、教育组织为主体，还可以联合志愿者群体等民间组织，发挥特定社团的引领和示范作用，使参与主体多元化。政府与群众密切配合，发挥各自的职能和优势，是推进生态文明宣传教育制度建设、加快生态文明制度建设进程的重要方式。

二、建立学校学生生态文明教育制度

学生是未来社会的主力军和接班人，肩负着传承人类文明和社会发展的重要责任，其世界观、人生观及价值观直接影响着未来社会的发展状况。学校是学生的活动的主场所，认真抓好学校对学生的生态文明教育，对切实提高全社会的生态文明教育水平具有重要意义。

首先，转变校园发展模式，倡导建设节约型校园和绿色化校园。在大力推进生态文明建设的背景下，学校应转变其单一的校园发展

① 陶德田. 加强生态文明宣传教育 努力为建设美丽中国鼓与呼［J］. 环境教育，2013（2）：34.

模式，努力建设节约型、绿色化校园，推动学生生态文明观念的形成。节约型校园提倡学生从日常生活的小事做起，培养符合生态文明要求的行为习惯，如：节约一滴水，随手关闭电源，少用一次性物品，节约粮食等，营造良好的节约型校园氛围。绿色化校园则是指以绿色的、循环的、可持续的发展理念为宗旨，在学校实施绿色的管理模式，开展绿色教育的活动，组织学生利用课余时间，种草种树，美化校园环境。校园发展模式的创新，一方面，能使学生在实践中得到锻炼，增强学生的环境保护意识，提高其生态文明建设的实际能力，为生态文明建设提供了有利的外部环境；另一方面，通过对学生生态文明意识的培育，将生态意识外化为具体的生态行为，推动全社会生态文明建设的步伐，加快生态文明建设进程。

其次，创新学校绿色教育，把生态文明建设的教育理念纳入各级学校必修课之中。利用学校课堂的自身优势，加强对学生进行生态文明知识的教育，是建立学校生态文明教育的重要方式。课堂兼具规范性和直接性特点，受众面相对集中，作为生态文明意识的教育阵地具有无可比拟的优越性。此外，课堂教学的形式也相对灵活，可以采取课外实践、课外调查等教学方式，不必拘泥于单一的教室教学，这也是其他教育形式所无法替代的。学校可与环保部门协调合作，由环保部门提供必要的教学素材，学校制定与之相匹配的教学内容，将这些内容作为学校课程的必学内容加以传授，在教学内容中渗透生态文明理念，以避免所学知识与实践脱轨的教育误区产生。在学期结束时，相关环保部门也可对学校教学效果进行考核评价，进一步增强学校生态文明的教育水平。

最后，组织社会实践活动，使学生亲身体会建设生态文明所带来的环境变化。现阶段，我国传统学校教育还是以“应试教育”为主，对学生德育等其他方面的教育只是蜻蜓点水般的一带而过。对于生态文明教育，学校应摒弃传统“说教式”的教学模式，将抽象的生态文明观念融入实际生活之中，让学生“眼见为实”，在进行生态文明的理论课程教育外，还可以组织学生，利用学校相关社团组织开展以环境保护、绿色校园等为主题的文化活动，普及生态文明理念的同时，提高学生生态文明建设的实践能力。学校也可和相关环保建设部门联系，组织学生深入生态文明建设试点和环保节能的相关场所进行参观、了解，通过深入实地考察和现场感受，切实体会生态文明建设给人们生活带来的巨大变化。

总之，学校作为生态文明教育的主要阵地，要充分利用校园宣传、课堂教学、社会实践等多种形式，开展丰富多彩的生态文明宣传教育活动，在学习生态文明相关知识的同时，了解自然及生态环境的发展规律，提高学生对保护生态环境的认知。生态文明教育不仅是提升广大学生对生态文明建设的认识的手段，而且还能给予周围社区的生态文明建设以示范和引导作用，提高整个社会的建设生态文明的水平，完善生态文明制度。

三、完善企业的生态文明培育制度

生态文明宣传教育不应仅局限于生态文明的宣传和教育，还应对企业的生态文明制度加以培育和完善。

首先，企业应强化生态宣传，积极开展生态宣传工作。企业作为社会主要组织机构，在日常行政工作的同时，应将环境环保的宣传纳入其工作之中，尽快建立与社会发展相适应的企业环保体制，完善企业的生态文明宣传制度。企事业的生态文明制度的完善不同于学校以培育树立认识自然、尊重自然的生态文明理念为核心，而是以普及环境保护法等宣传制度为主，根据法律中规定的环保责任入手，转变其生产方式，促使企业自觉参加生态保护活动，履行保护生态环境的义务。除此之外，企业还可利用其生产优势，在对我国现实生态问题进行分析和反思的同时，加大宣传企业节能减排等先进的绿色生产技术，推广企业的绿色生产方式，加强生态文明的理论宣传和实践教育。

其次，倡导企业绿色文化，构建企业生态文化宣传机制，提高企业生态社会责任。虽然政府设立了相关生态环境保护的法规政策，但由于企业绿色生产意识淡薄，缺乏相关的生态文明意识，只注重企业经济效益的提高，忽视了对企业绿色产品的开发和生态环境的保护。因此，应努力增强企业的生态文化教育，培育企业绿色文化，促进企业树立生态环保理念，履行其生态环保职责。

另外，企业生态文明培育制度的完善，也应大力开发绿色技术，实施绿色生产。一方面，宣传绿色技术的重大意义，提高全社会对绿色技术的认知度，提高企业开发绿色技术的积极性；另一方面，以绿色消费带动绿色技术研发，提高国民对绿色产品的认可度可以反过来促进企业绿色技术的推广和研发。

第五章 坚持和完善生态文明制度体系的战略重点

党的十九届四中全会审议通过的《中共中央关于坚持和完善中国特色社会主义制度、推进国家治理体系和治理能力现代化若干重大问题的决定》（以下简称《决定》），贯彻党的十九大精神，对“坚持和完善生态文明制度体系，促进人与自然和谐共生”① 作出系统安排，阐明了生态文明制度体系在中国特色社会主义制度和国家治理体系中的重要地位，明确了坚持和巩固生态文明制度体系的基本内容，提出了不断完善和发展的重点任务。这充分体现了以习近平同志为核心的党中央对生态文明制度建设的高度重视和战略谋划，不仅是顺应人民群众对美好生活期待的重要举措，更是推进国家治理体系和治理能力现代化的必然要求。

第一节 建立健全资源领域制度

自然资源是生产和生活所需要的物质原料的基本来源。在资源开发与利用中，我们要看到资源包括可再生资源和不可再生资源两类。对可再生资源的开发利用必须维持在其可再生的周期范围之内，对不可再生资源的开发利用必须维持在技术代替的周期范围之内。因此，必须坚持把节约放在优先位置，力求以最少的资源投入实现经济社会的可持续发展，全面建立资源高效利用制度。目前，围绕着节约优先的原则，按照《决定》的要求，重点是要完善资源产权、总量管理和全面节约制度，健全资源节约集约循环利用政策体系，

---

① 本书编写组. 党的十九届四中全会《决定》学习辅导百问［M］. 北京：党建读物出版社，2019：23.

大力推进能源革命，健全海洋资源开发保护制度，健全自然资源监管体制。同时，还要加强生态文明宣传教育，增强全民节约意识、环保意识、生态意识，营造爱护生态环境的良好风气。

一、全面建立资源高效利用制度

人类对资源的开发利用既要考虑服务当代人过上幸福生活，也要为子孙后代永续发展留下生存根基。改变传统的“大量生产、大量消耗、大量排放”的生产模式和消费模式，把经济活动、人的行为限制在自然资源和生态环境能够承受的限度内，使资源、生产、消费等要素相匹配相适应，用最少的资源环境代价取得最大的经济社会效益，形成与大量占有自然空间、显著消耗资源、严重恶化生态环境的传统发展方式明显不同的资源利用和生产生活方式，是我们党既对当代人负责又对子孙后代负责的体现。落实这一制度，需要树立节约集约循环利用的资源观，实行资源总量管理和全面节约制度，强化约束性指标管理，实行能源、水资源消耗、建设用地等总量和强度双控行动，加快建立健全充分反映市场供求和资源稀缺程度，体现生态价值和环境损害成本的资源环境价格机制，促进资源节约和生态环境保护。

（一）加快资源价格形成机制

改革资源价格形成机制的关键是突出市场导向，既要适应民生需求，又要兼顾环境友好。加快形成水资源、能源及各类环境要素的市场决定价格机制和完备交易机制。充分发挥市场机制在自然资源优化配置中的作用，通过有效价格信号，实现资源的供需均衡和有效配置，最大限度促进资源高效利用。政府应尽快实现从资源性产品价格的直接制定者和管制者到市场经济价格的制定者、调控者、监管者的转变。进一步完善资源环境税收制度，充分发挥税收制度对资源节约利用和环境保护的促进作用。

（二）加快推进国有自然资源有偿使用制度改革

国有自然资源有偿使用制度是生态文明制度体系的一项核心制度。针对仍然存在的有偿使用制度不完善、监管力度不足，市场配置决定性作用发挥不充分、所有权人权益不落实等突出问题，应加快推进国有自然资源有偿使用制度改革。要加快完善国有土地、水资源、矿产资源、国有森林资源、国有草原和海域海岛的有偿使用制度，以保护优先、合理利用为导向，以用途管制、依法管理为前提，以明晰产权、丰富权能为基础，充分体现自然资源价值和权益，提高资源利用效率和效益。

二、建立自然资源产权制度

自然资源资产产权制度改革积极推进，国土空间开发保护制度日益加强，制定自然资源统一确权登记、自然生态空间用途管制办法，推进全民所有自然资源资产有偿使用制度改革，开展空间规划“多规合一”、国家公园体制等试点，推动划定并落实生态保护红线，建立起覆盖全国的主体功能区制度。

自然资源资产产权制度，是加强生态环境保护、促进生态文明建设的一项重要的基础性制度。党的十八大以来，我国自然资源资产产权制度逐步建立，在促进自然资源节约集约利用和有效保护方面发挥了积极作用。但同时也还存在自然资源资产底数不清、所有者不到位、权责不明晰、权益不落实、监管保护制度不健全等问题，导致产权纠纷多发、资源保护乏力、开发利用粗放、生态退化严重等问题，迫切需要进一步健全自然资源资产产权制度。一段时间以来，由于经济增长方式过于粗放，自然资源的过度使用和开采，已经对生态环境造成了严重的伤害。应从制度源头上对资源进行有效配置，降低环境成本，保护生态环境，促进我国经济转型。《决定》首次提出，要健全自然资源资产产权制度和用途管制制度。落实《决定》要求，非常有必要在完善自然资源产权体系、落实产权主体、调查检测和确权登记、促进自然资源集约开发利用、健全监督管理体系等方面加大改革力度，创新体制机制。

（一）加快建立自然资源统一确权登记系统

建立统一的确权登记系统是完善自然资源资产产权制度的基础环节。在自然资源的确权登记中，要坚持资源公有、物权法定，清晰界定全部国土空间各类自然资源资产的产权主体，对水流、森林、山岭、草原、荒地、滩涂等所有自然生态空间统一进行确权登记，逐步划清全民所有和集体所有之间的边界，划清全民所有、不同层级政府行使所有权的边界，划清不同集体所有者的边界，划清不同类型自然资源的边界，进一步明确国家不同类型自然资源的权利和保护范围等，推进确权登记法治化。

（二）建立权责明确的自然资源产权体系

按照国家相关法律，制定自然资源产权的权利清单，明确各类自然资源产权主体以及相应的权利和义务范围。处理好所有权与使用权的关系，创新自然资源全民所有权和集体所有权的实现形式，除生态功能重要的自然资源外，推动所有权和使用权相分离，明确占有、使用、收益、处分等权利归属关系和权责，适度扩大使用权的出让、转让、出租、抵押、担保、入股等权能。

（三）建立完善统一行使全民所有自然资源资产所有者职责的机构

健全国家自然资源资产管理体制，探索新组建的自然资源部统一行使全民所有自然资源资产所有者职责的有效方式。按照资源的种类及其在生态、经济、国防等方面的重要程度，研究实行中央和地方政府分级代理行使所有权的体制。分清全民所有中央政府直接行使所有权、全民所有地方政府行使所有权的资源清单和空间范围。中央政府主要对石油天然气、贵重稀有矿产资源、重点国有林区、大江大河大湖和跨境河流、生态功能重要的湿地草原、海域滩涂、珍稀野生动植物种和部分国家公园等直接行使所有权。

第二节　健全生态修复和损害补偿机制

中国构建反映市场供求和资源稀缺程度、体现自然价值和代际补偿的资源有偿使用和生态补偿制度，是解决自然资源及其产品价格偏低、生产开发成本低于社会成本、保护生态得不到合理回报等问题的关键性制度安排。中国生态补偿机制建设起步较晚，相关工作认识不到位，基础性政策制度缺位，这些都导致生态补偿机制未能充分发挥作用。健全生态补偿机制应着眼于维护生态和经济发展平衡，在综合考虑生态保护成本、发展机会成本和生态服务价值基础上，着重体现“谁污染、谁治理，谁破坏、谁恢复，谁受益、谁补偿”的理念。按照权责统一、合理补偿，政府主导、社会参与，统筹监管、转型发展的基本原则，推动建立市场化、多元化的生态补偿机制。

一、科学界定保护者与受益者权利义务

一是加快形成受益者付费、保护者得到合理补偿的运行机制。发挥政府对生态环境保护的主导作用，完善法规政策，创新体制机制，拓宽补偿渠道，引导社会公众积极参与。二是建立稳定的补偿投入机制。要多渠道筹措资金，加大生态保护补偿力度。中央财政可以通过提高均衡性转移支付系数等方式，逐步增加对重点生态功能区的转移支付。同时，建立省级生态保护补偿资金投入机制。健全跨流域、跨区域的生态保护补偿机制，健全以地方补偿为主、中央财政给予支持的横向生态保护补偿机制。鼓励受益地区与保护生态地区、流域下游与上游通过资金补偿、对口协作、产业转移、人才培训、共建园区等方式建立横向补偿关系。

目前，在共抓大保护的格局下，多部门联合支持建立长江经济带生态补偿与保护长效机制。中央财政优先支持解决严重污染水体、重要水域、重点城镇生态治理等迫切问题，以生态环境质量改善为核心实施精准考核，强化资金分配与生态保护成效挂钩机制，让保护环境的地方不吃亏、能受益。此外，应加快建立生态保护补偿标准体系。根据各领域、不同类型地区特点，以生态产品产出能力为基础，完善测算方法，分别制定补偿标准。研究建立生态环境损害赔偿、生态产品市场交易与生态保护补偿协同推进生态环境保护的新机制。

二、实行资源有偿使用制度和生态补偿制度

《决定》提出，实行资源有偿使用制度和生态补偿制度。一是加

快自然资源及其产品价格改革，全面反映市场供求、资源稀缺程度、生态环境损害成本和修复效益，通过合理定价反映自然资源的真实成本，使市场同样在生态环境资源的配置中起决定作用。二是确立了两大原则：① 坚持使用资源付费和谁污染环境、谁破坏生态谁付费的原则。逐步将资源税扩展到占用各种自然生态空间，稳定和扩大退耕还林、退牧还草范围，调整严重污染和地下水严重超采区耕地用途，有序实现耕地、河湖休养生息。建立有效调节工业用地和居住用地合理比价机制，提高工业用地价格。② 坚持谁受益、谁补偿的原则，完善对重点生态功能区的生态补偿机制，推动地区间建立横向生态补偿制度。三是发展环保市场，推行节能量、碳排放权、排污权、水权交易制度，建立吸引社会资本投入生态环境保护的市场化机制，推行环境污染第三方治理。四是按照森林、草原、湿地等几大生态系统，分别制定各领域生态补偿实施办法，明确各领域的补偿主体、受益主体、补偿程序、监管措施等，确定相关利益主体间的权利义务，形成奖优罚劣的生态补偿机制。

第三节　严明生态保护责任制度

建立生态文明建设目标评价考核制度，强化环境保护、自然资源管控、节能减排等约束性指标管理，严格落实企业主体责任和政府监管责任。开展领导干部自然资源资产离任审计。推进生态环境保护综合行政执法，落实中央生态环境保护督查制度。健全生态环境监测和评价制度，完善生态环境公益诉讼制度，落实生态补偿和生态环境损害赔偿制度，实行生态环境损害责任终身追究制。

一、强调党政同责

由于此前党内的规定和国家法律法规中尚未明确党委在环境保护方面的具体责任，一旦出现环保事故，通常受处罚的往往是政府系统监管人员，以至于党委的环保责任被虚化。生态环境保护责任追究制度将地方各级党委政府领导成员作为追责对象，不仅责任制度主要内容有了重大突破，也体现了党政同责、实现追责对象全覆盖的特点。

2020 年 3 月中共中央办公厅、国务院办公厅印发《关于构建现代环境治理体系的指导意见》（以下简称《意见》），为我国构建党委领导、政府主导、企业主体、社会组织和公众共同参与的现代环境治理体系指明了方向，勾画了蓝图。《意见》中明确指出："健全环境治理领导责任体系，明确完善中央统筹、省负总责、市县抓落实的工作机制。党中央、国务院统筹制定生态环境保护的大政方针，提出总体目标，谋划重大战略举措。制定实施中央和国家机关有关部门生态环境保护责任清单。省级党委和政府对本地区环境治理负总体责任，贯彻执行党中央、国务院各项决策部署，组织落实目标任务、政策措施，加大资金投入。市县党委和政府承担具体责任，统筹做好监管执法、市场规范、资金安排、宣传教育等工作。"①

《意见》中明确规定了本地区的党委和政府负总责，并细化了党委和政府的主要领导成员的责任清单。也就是说，凡是在生态环境保护领域内负有职责、行使权力的党政领导干部，一旦出现生态环境损害事件，不仅要追究其决策责任，也要追究具体行政执行部门的执行责任，从而体现了党政同责的原则。

二、突出行政问责

资源环境是公共产品，对其造成损害和破坏必须追究责任。要建立环保督察工作机制，严格落实环境保护主体责任，完善领导干部目标责任考核制度。坚持依法依规、客观公正、科学认定、权责一致、终身追究的原则，针对决策、执行、监管中的责任，明确各级领导干部责任追究情形。强化环境保护"党政同责"和"一岗双责"要求，对问题突出的地方追究有关单位和个人责任。对领导干

① 本刊编辑部. 中共中央、国务院印发《关于构建现代环境治理体系的指导意见》[J]. 中国商界，2020（4）：86.

部实行自然资源资产离任审计，建立健全生态环境损害评估和赔偿制度，落实损害责任终身追究制度。对造成生态环境损害负有责任的领导干部，必须严肃追责。

鉴于以往处理生态环境损害事件的有关法律机制没有规定决策者、审批者的责任，生态环境保护责任追究制度对贯彻落实生态文明建设的决策部署不力，造成本地区生态环境和资源问题突出；违反主体功能区地位或突破资源环境生态红线，不顾资源环境承载能力盲目决策造成严重后果；本地区发生职责范围内的环境严重污染和生态破坏事件或对其处置不力的党政主要领导、党政分管领导、政府工作部门领导和其他具有职务影响力的党政领导，应当追究他们的相关责任。

首先，转变问责体制，实现由权力问责转向制度问责。应转变权力问责，加强生态问责制度建设，严格按照生态环境法制进行问责，坚守法律的公正性，保证政府权力来源于人民并服务于人民。

其次，转变问责方式，逐步从同体问责转向异体问责。同体问责指的是由上级追究下级、领导追究下属，自上而下的一种问责方式。这种问责方式不能真正体现民主问责的优势。需要建立一种“异体问责”制度。针对目前我国的现实情况，可启动各级人民代表大会常委会对政府官员的问责体制。一旦有生态事故发生，从不同的问责主体出发，依据普通的行政管理体制，本着“谁负责、谁问责”的原则，问责于生态责任的每一部门，将具体的生态责任落实到人，加快解决生态事故的能力。另外，要完善生态问责程序，善于听取公众意见，争取做到在公众监督下解决问题。

再次，转变问责意识，由政府单一问责转向公民集体问责。行政问责的对象大多指向各级政府及不当履行职责和义务的公务人员，其问责主体也是相关的政府行政人员等。政府单一问责制，致使公众对生态问责体系认识不足。因此，应转变政府单一问责机制，可由公众集体参与问责，将政府生态问责延伸至公众生活中，实现政府生态问责的透明化，调动公众参与生态环境保护的积极性。

三、实行终身追责

生态环境保护工作具有周期长、专业性强、涉及面广等特点。因此，有必要建立党政领导干部生态环境损害终身责任追究制度。2013 年 5 月 24 日，习近平总书记在主持十八届中共中央政治局第六次集体学习时的重要讲话中指出："要建立责任追究制度，对那些不顾生态环境盲目决策、造成严重后果的人，必须追究其责任，而且应该终身追究。"① 对领导干部要实行自然资源资产离任审计，实行地方党委和政府领导成员生态文明建设一岗双责制，并且对领导干部离任后出现重大生态环境损害并认定其需要承担责任的，实行终身追责。

首先，提高追责周期。生态环境问题复杂性导致对生态环境的治理很难在短期内看到效果，治理的成效甚至是隐性的。只要生态恶化超出预先的评估就应该追责，恶化程度越高，追责力度就应该越大。其次，要对资源以及生态环境的收益和损耗进行衡量。将资源的损耗和环境的收益与领导干部的任期结合起来共同评估生态保护成效。因此，必须强化生态环境项目的科学论证和评估工作，坚决杜绝地方政府干扰环评工作，环评工作也绝不能搞形式主义，这方面也必须明确责任。如果论证和评估出了问题，也必须实施问责。最后，动员社会力量参与环境问责。生态环境保护涉及国家、政府、社会组织、企业法人、公民的利益。因此，在生态环境项目的立项之初和实施过程中，主动与相关的利益群体和社会组织进行沟通协商，积极动员全社会的力量，引导公民和其他利益相关者有效参与。

---

① 习近平. 习近平谈治国理政 [M]. 北京：外文出版社，2014：210.

第四节　构建生态安全体系

生态安全与政治安全、军事安全和经济安全一样，都是事关大局、对国家安全具有重大影响的安全领域。生态安全是其他安全的载体和基础，同时又受到其他安全的影响和制约。当一个国家或地区所处的自然生态环境状况能够维系其经济社会的可持续发展时，它的生态就是安全的；反之，"覆巢无完卵"，生态环境一旦遭到严重破坏，生态不再安全，必然影响社会稳定，危及国家安全。生态安全是一个国家赖以生存和发展的生态环境处于不受或者少受破坏和威胁的状况，以及应对内外重大生态问题保障这一持续状态的能力，是人类生存发展的基本条件。

一、构建国家生态安全体系

筑牢生态安全屏障，这是建设美丽中国的长远大计。改革开放以来，我国经济社会得到快速发展，但资源约束趋紧、环境污染严重、生态系统退化的形势日益严峻，生态安全问题已经成为关系人民福祉和民族未来的大事。习近平总书记指出，既重视传统安全，又重视非传统安全，构建集政治安全、国土安全、军事安全、经济安全、文化安全、社会安全、科技安全、信息安全、生态安全、资源安全、核安全等于一体的国家安全体系。明确将生态安全纳入国家安全体系之中。这是在准确把握国家安全形势变化新特点新趋势基础上作出的重大战略部署，对于提升生态安全重要性认识，破解生态安全威胁，意义重大。党的十八届五中全会进一步明确提出，坚持绿色发展，有度有序利用自然，构建科学合理的生态安全格局。生态安全的重要性日益得到广泛认可和重视。

习近平总书记强调，坚持节约优先、保护优先、自然恢复为主的方针，着力树立生态观念，完善生态制度，维护生态安全，优化生态环境。为此，我们要加快体制机制建设，以对人民高度负责的态度全力维护生态安全。要统筹山水林田湖草一体化保护和修复，加强对重要生态系统的保护和永续利用，构建以国家公园为主体的自然保护地体系，加强长江、黄河等大江大河生态保护和系统治理，开展大规模国土绿化行动，加快水土流失和荒漠化、石漠化综合治理，保护生物多样性。

（一）加强国家生态安全法治建设

法治建设是社会进步的重要标志，也是国家实现生态安全的必要保障。目前，我国生态方面的立法缺乏系统性和完整性，多头执法、选择性执法现象仍然存在。要加强国家生态安全的法治保障作用，一是要加强立法工作。在现有各类法律法规基础上，立足国家生态安全需求，健全具有中国特色的国家生态安全法律支撑体系。二是要加强执法工作。对于事关国家生态安全的重大事件，要开展多部门联合执法，做到不越雷池一步。三是要完善民主监督制度。大力开展生态安全法治教育，培育广大干部群众的生态安全意识，积极主动地监督危害国家生态安全的行为，形成良好的社会法治环境。

（二）加快国家生态安全体制机制建设

2015 年中共中央、国务院出台了《生态文明体制改革总体方案》，为增强生态文明体制改革的系统性、整体性和协同性提供了重要遵循。为确保国家生态安全战略顺利实施，必须加强体制机制建设，整合相关的组织机构，明确各部门职责。国家层面要建立有效的监督考核与问责机制，确保国家生态安全战略实施的效果。各级党委和政府应对本辖区的生态安全状况负责，将国家生态安全工作纳入国民经济和社会发展规划，并且作为考核领导干部政绩的指标之一，对由于干部失职、渎职给国家造成重大损失和严重后果的，要依法追究责任。

（三）建立国家生态安全评估预警体系

保障国家生态安全离不开技术支撑。要充分挖掘和运用大数据，综合采用空间分析、信息集成、“互联网+”等技术，构建国家生态安全综合数据库，通过对生态安全现状及动态的分析评估，预测未来国家生态安全情势及时空分布信息。在此基础上建立国家生态安全评估预警体系，建立警情评估、发布与应对平台，充分保障我国生态安全。

（四）开展国家生态安全保障重大工程

近些年来，我国开展了一批重大生态保护与建设工程，取得了较为显著的成效。然而，部分工程建设在顶层设计上缺乏系统性和整体性，以“末端治理”为主，存在“头痛医头、脚痛医脚”的应急性特征。国家生态安全本身就是一项重大的系统性工程，必须在国家层面注重顶层设计。要针对关键问题，整合现有各类重大工程，构建生态保护、经济发展和民生改善的协调联动机制，发挥人力、物力、资金使用的最大效率，实现生态安全效益的最大化。

二、维护全球生态安全

建设绿色家园是全人类的共同梦想，地球村的生存图景让生态问题成为全球性问题，任何国家无法置身事外与独善其身，携手合作与共同应对是建设美好地球家园的必然要求，同呼吸共命运成为人类共同课题，加强环境保护的国际合作是生态文明建设的必然选择。当今的世界正处于全球化进程中，国家间的关系深度联系在一起，呈现你中有我、我中有你的人类命运共同体的局面。以习近平同志为核心的党中央深刻把握时代特点，在治国理政的实践中运用灵活的开放思维，以宏大的国际视野，将中国的发展置于世界历史进程中，在实现中华民族伟大复兴的同时，谋求全人类共同利益。

新中国成立伊始，以毛泽东为代表的共产党人，一方面采取轰轰烈烈的群众运动，集中力量整治与改造自然环境，以改善国内人民的生存状况；另一方面逐渐认识到环境保护加强国际交流合作的重要性，1954 年 12 月我国首次组团参加了在印度举行的第四届世界林业大会，1972 年中国参加了在瑞典斯德哥尔摩召开的联合国首次人类环境大会。周恩来指出：“通过这次会议，了解世界环境状况和各国环境问题对经济社会发展的重大影响，并以此作为镜子，认识中国的环境问题。”① 此后，我国主动积极参与国际环境治理，致力于维护全球生态安全。2015 年 11 月 30 日，第 21 届联合国气候变化

---

① 本书编辑部. 周恩来年谱（1949—1976）（下）[M]. 北京：中央文献出版社，1997：528.

大会在巴黎召开。习近平出席开幕式并发表题为《携手构建合作共赢、公平合理的气候变化治理机制》的重要讲话，强调各方要展现诚意、坚定信心、齐心协力，推动建立公平有效的全球应对气候变化机制，实现更高水平全球可持续发展，构建合作共赢的国际关系。12 月 12 日，196 个缔约方通过了具有历史意义的全球气候变化新协议（即《巴黎协定》），为 2020 年后全球应对气候变化作出安排，中国是推动达成这一协定的关键性力量。会议期间，中国代表团本着负责任、合作精神和建设性态度积极推动谈判取得进展，为促成巴黎大会达成协议作出重要贡献，充分展现了中国在应对气候变化问题上负责任的大国担当。2016 年 4 月 22 日，中国在联合国总部正式签署了《巴黎协定》，向国际社会发出了中国愿与各国共同抵御全球变暖积极而有力的信号。同年 9 月，十二届全国人大常委会第二十二次会议率先批准《巴黎协定》。

回顾我国参与全球治理历程，“十三五”时期，我国生态文明建设的世界影响更为深远。我国认真落实生态环境相关多边公约或议定书，牵头建立“一带一路”绿色发展国际联盟，积极参与和引领全球气候变化谈判进程，努力推动生物多样性保护，已成为全球生态文明建设的重要参与者、贡献者、引领者。习近平主席在第七十五届联合国大会一般性辩论中指出：“中国将提高国家自主贡献力度，采取更加有力的政策和措施，二氧化碳排放力争于 2030 年前达到峰值，努力争取 2060 年前实现碳中和”。这充分彰显了我国应对全球气候变化的领导力和大国担当，有力对冲了逆全球化影响。我国成功申请举办《生物多样性公约》第十五次缔约方大会，这将是联合国首次以“生态文明”为主题召开的全球性会议。作为世界上最大发展中国家，我国大力推进生态文明建设和生态环境保护，为全球环境治理作出巨大贡献，为共建清洁美丽的世界提供了中国智慧和中国方案。

第六章　国家治理视域下中国生态文明制度建设的路径优化

生态文明制度是中国特色社会主义制度的有机组成。实现国家治理体系和治理能力的现代化，落实到生态文明建设上，就是要形成一整套系统完备的生态文明制度体系。党的十九届四中全会通过的《中共中央关于坚持和完善中国特色社会主义制度 推进国家治理体系和治理能力现代化若干重大问题的决定》中第一次提出“把我国制度优势更好地转化为国家治理效能”①，第一次在坚持和完善中国特色社会主义制度推进国家治理体系和治理能力现代化的总体框架下，系统阐释了坚持和完善生态文明制度体系、促进人与自然和谐共生的重要问题。在国家治理视域下进行生态文明体系改革，需要完善现代环境治理体系、提升现代环境治理能力，以推动我国国家制度和国家治理体系的组织更优化、结构更合理、体系更完备、形态更稳定，不断提高生态治理体系和治理能力现代化，将中国之“制”更好地转化为中国之“治”。

第一节　加强党对环境保护的领导

党的十八大以来，“生态文明建设”“绿色发展”“美丽中国”被写进党章和宪法，将生态文明建设提升到新的高度。与此同时，党中央对生态文明制度体系建设作了纲领性、系统性和全局性的安排，提出了坚持和完善生态文明制度体系的总目标和路线图，为全国的生态文明建设指明了方向。坚持和完善生态文明制度体系必须

① 中共中央关于坚持和完善中国特色社会主义制度 推进国家治理体系和治理能力现代化若干重大问题的决定［M］. 北京：人民出版社，2019.

全面加强党对生态环境保护的领导，特别是强化总体设计和组织领导。

一、全面加强党对生态环境保护的领导

全面加强党对环境保护的领导是推进生态文明建设的政治保障，是实现环境治理现代化的内在要求。同时，推进环境治理能力现代化也必须全面加强党的领导。习近平从政治建设角度强调环境治理和生态文明建设的重要性，他强调，“我们不能把加强生态文明建设、加强生态环境保护、提倡绿色低碳生活方式等仅仅作为经济问题，这里面有很大的政治。”① “我国生态环境保护中存在的一些突出问题，一定程度上与体制不健全有关。”② 可见，国家治理视域下推进环境治理现代化，必须全面加强党对环境保护的领导，强化党政领导干部对于生态文明建设的政治意识。

党政干部要以习近平生态文明思想为指导，扛起生态环境保护的政治责任。中国共产党是国家治理的领导力量，也是环境治理现代化的重要保障。习近平在全国生态环境保护大会上强调，打好污染防治攻坚战时间紧、任务重、难度大，是一场大仗、硬仗、苦仗，必须加强党的领导。“地方各级党委和政府主要领导是本行政区域生态环境保护第一责任人”③。加强党对生态环境保护的领导，必须牢牢扭住“关键少数”，确保领导干部在环境治理中发挥作用。党政领导干部要扛起生态环境保护的政治责任，亲自抓，带头干，把生态文明建设的政治责任放在心上、担在肩上、抓在手上，要按照党总揽全局、协调各方的原则，牢固树立和践行绿水青山就是金山银山的理念，积极推进环境治理体系和环境治理能力现代化，打赢污染防治攻坚战，建设美丽中国。

---

① 中共中央文献研究室．习近平关于社会主义生态文明建设论述摘编［M］．北京：中央文献出版社，2017：103.

② 中共中央文献研究室．习近平关于社会主义生态文明建设论述摘编［M］．北京：中央文献出版社，2017：102.

③ 顾仲阳．坚决打好污染防治攻坚战 推动生态文明建设迈上新台阶［N］．人民日报，2018-05-20（01）.

二、建立和完善领导干部生态环境保护责任制

环境治理能否落到实处，生态文明理念是否得到贯彻，关键在领导干部。长期以来，部分地区的领导干部片面追求经济增长，而不顾资源环境的承载能力，导致资源环境破坏日益严重。针对这一问题，习近平强调，要“建立体现生态文明要求的目标体系、考核办法、奖惩机制”①。党的十八届三中全会后，中共中央、国务院相继出台《党政领导干部生态环境损害责任追究办法（试行）》等多个加强环境管理的文件。这些文件规范了党政领导干部的环境行为，强化了地方党委和政府在环境治理中的职责，突出了环保工作在干部履职中的作用，有利于干部考核评价体制的完善。2017 年 6 月，中共中央办公厅、国务院办公厅印发《领导干部自然资源资产离任审计规定（试行）》（以下简称《规定》），标志着从 2015 年开始的审计试点进入全面推开阶段。此《规定》详细划定了领导干部自然资源资产离任审计的六个方面内容，特别强调“依法审计”，通过明确责任的方式，强化各级环境治理主体特别是领导干部的环境责任，提高了领导干部履行保护环境责任的自觉性，也推动了生态环境保护责任体系建设。

第二节　构建环境保护责任体系

当前，生态文明建设不仅是经济问题，而且越来越具有政治性。党和政府一方面要在政府的行政管理中强化其生态责任，形成生态自觉意识；另一方面，要加强自身生态能力建设，建立健全生态问责制度，构建责任政府与生态政府并存的“复合型”政府发展机制。具体说来：宏观上，制定相关的法律保障，明确政府的生态责任，完善政府的生态建设责任，为生态文明建设提供制度基础；微观上，

---

① 中共中央文献研究室. 习近平关于社会主义生态文明建设论述摘编［M］. 北京：中央文献出版社，2017：99.

加快审计评价制度形成，建立生态事故的政府行政问责制度。在政府责任体系中，建设高层次的、具有根本意义的生态责任体制，以制度保建设，以行动促发展，保证建设社会主义生态文明事业的健康发展，完善社会主义生态文明制度。

一、明确政府主导责任

生态责任是政府行政责任的主要内容之一，也是政府职能的主要表现，体现了政府服务于生态文明建设的强大责任感和使命感。在我国，强化政府生态责任是加强政府责任建设的重中之重，也是中国特色社会主义生态文明制度建设的内在要求。现阶段，我国政府在生态责任建设上虽取得一些成就，但也存在一些不足，主要表现在：其一，政府生态责任意识不深入。由于政府内部的分工不同，生态责任往往被认定为只与相关的环境保护部门有关，其他政府部门则忽视了其生态责任建设，不是本部门的职责坚决不予理会，缺少对生态保护的相关认知。这种责任意识的缺失，使得一些生态污染项目在非环保部门通过审核，顺利建成。然而，生态责任并不仅是环境保护部门的主要职责，其他政府部门也应该提高生态责任意识，配合环保部门的相关工作，落实生态保护责任。其二，政府生态责任法制不健全。生态环境的保护仅仅靠观念的建立是远远不够的，还应加之政府的强制力及其权威性。改革开放至今，我国已初步形成了一系列环境保护的法律法规，协调人与自然的关系，但由于政府对环境义务的相关立法尚不完善，缺乏有效的生态环境的责任保障制度，政府在生态环境保护责任划归不明确，尤其对生态责任的立法缺失，导致政府生态责任制度建设进度严重滞后。其三，政府生态责任监管不到位。政府作为环境监管的主要力量，在维护生态环境保护中执法监督力度不够。当生态保护环境实践中一旦发生问题，有的得不到及时解决，有的在出现问题时只是单纯的解决，没有相关的监管体制，并未对问题采取责任分析制度，相关人员也得不到处罚，淡化了其生态责任和环境保护义务，企业、官员等对破坏环境的责任划归不明，相互推卸保护责任，严重影响了生态环境的保护工作。

针对我国政府生态责任制度建设中存在的不足，一方面明确政府的生态责任，加强生态型政府建设；另一方面要采取有利于实现政府生态责任的有效途径，以促进政府生态责任的完善。主要可采取以下措施：首先，强化政府生态责任意识。在政府各部门加强生态文明教育，除了强调环保部门生态责任意识外，也应着力加强非环境保护部门的生态责任教育，加快培育政府各部门的生态责任意识，在认识自身责任与可持续发展原则基础上强化政府的生态责任意识。同时，还要积极培养具备良好生态素养的管理者，为社会主义生态文明建设提供人才。其次，健全政府生态责任实现的法制保障。对于生态责任的追究，必须有外部的法制为其作保障。针对我国环境法律不健全的困境，我国政府一方面要加快更新生态责任制度立法，完善法律法规；另一方面要立足政府生态责任，提出更具针对性的法律制度，以强化政府在生态文明建设中的生态责任，使政府在生态责任实践中有法可依。另外，在中央政府统一部署下，可酌情扩大地方政府的管理权限，建立符合地方特殊发展要求的政府生态责任制度。最后，加强政府生态责任监管。充分发挥政府的环境监管职能，对资源开发和利用的全过程进行监督，从源头上加强生态责任监管。不仅如此，在经济建设和社会发展中，还可以通过完善政府的生态责任立法，在强有力的立法保障基础上强化政府的生态责任，使政府生态责任制度建设规范、有序地顺利展开。

总之，政府的生态责任制度建设是完善的中国特色社会主义生态文明制度建设的内在要求和必然选择。在政府的日常行政职能中渗透政府的生态责任，转变政府的传统的行政职能，加快具有生态责任性的新型政府建设，是政府职能转变的必然要求。完善政府的生态责任制度，促进政府生态化转型，生态环境的保护才能更加有效，中国特色社会主义生态文明制度建设事业才能更加科学有效。

二、强化企业主体责任

企业为社会创造了巨大财富，是生态文明建设的经济基础和物质来源。无论哪个层面的生态文明建设，企业都将是最重要的参与者。只有通过企业不断推进科技创新，转变生产方式，减少生产对自然资源和生态环境的破坏，实现人与自然的和谐，生态文明建设才能落到实处。因此，调动企业绿色发展和生态文明建设的主动性，是新时代环境保护责任体系建立的重要内容。

首先，企业经营者要转变经营观念。企业以利润为目标无可厚非，但作为生态文明建设和环境治理的主体，应承担起相应的社会责任。在生态文明建设背景下，企业经营者要转变企业经营管理观念，超越“利润至上”的经营理念，构建绿色管理体系。一是从企业管理层面，将绿色发展理念贯穿企业经营管理的全过程；二是从人员管理层面，要把绿色发展理念融入企业人才培养方案中，通过学习培训，培育从业人员的绿色意识；三是从产品层面，要提高产品绿色化水平，实现资源高效利用和环境有效保护。通过管理、人才培养和产品生产三个层面，实现企业绿色转型目标，建立生态型企业。

其次，增强企业生态文明建设的法律意识，将环境保护的社会责任贯穿企业生产经营管理的全过程。将绿色生态理念引入到企业管理的全过程和各个环节，是企业履行绿色社会责任的基础和保障。增强企业环境保护的法律意识需要建立企业绿色责任制度。一是建立健全企业的环境生态管理制度，强化自身的生态绿色理念；二是加快科技创新和研发，实现新旧动能转换，完善企业优化升级；三是建立绿色风险防范机制，强化法律意识，尤其是贯彻落实《环境保护法》等一系列法律法规，确保企业生产经营活动符合法律要求；四是探讨企业发展绿色生产方式、绿色营销和绿色理财的模式和路径，最终建立起有企业自身特色、适应企业可持续发展的绿色管理体系。①

最后，大力实施科技创新，开展绿色生产。企业绿色生产最重要的方式是通过创新生产方式，提高资源利用效率，实现节能减排，减少企业生产对资源环境造成的破坏。企业的绿色技术创新是生产方式转变的重要保障。一是要使用绿色材料。选用符合循环经济要求的的生产材料，保证生产材料的绿色化。二是要制定绿色工艺制

① 曹洪军，李昕. 中国生态文明建设的责任体系构建［J］. 暨南学报（哲学社会科学版），2020（7）：123.

作流程，将节约资源、绿色生产理念融入产品生产过程中，实现生产过程绿色化。三是要推广清洁生产。尽可能减少排放物和废弃物数量，并且进行无害无毒处理。有条件的企业也可以通过技术创新，实现资源的可回收利用。

三、鼓励公众共同参与

随着经济社会的发展，人民对于环境污染日趋严重、生态系统逐渐退化等严峻环境问题的感受更加深切，对于干净饮水、清新空气、安全食品、优美环境的追求也日益紧迫。不可否认，目前政府对于公众参与环境保护重要性的认识在不断加深，公众参与环境保护的意识普遍得以强化，公众参与环境保护工作的成效日趋明显。然而，我们也应清醒地看到，部分地区政府以 GDP 为导向唯经济增长的片面短视的功利化价值取向及传统的治理行为习惯还一时难以得到有效扭转，立足当前面向长远的生态文明观念还没有真正树立，公众对于生态文明建设的诸多问题仍存在思想、意识、价值及认知上的不足，人与自然和谐共生、环保成果人人共享的理念还较为淡薄，环境教育宣传及良好的社会文化氛围还不够浓厚，广泛公众参与及自觉行动的社会诚信体系尚未建立。① 事实上，生态文明建设关系到社会公众中的每一位成员，公众自身和政府都需要公众参与到生态文明建设中来。《中共中央国务院关于全面加强生态环境保护坚决打好污染防治攻坚战的意见》（2018 年）指出："坚持建设美丽中国全民行动。美丽中国是人民群众共同参与共同建设共同享有的事业。必须加强生态文明宣传教育，牢固树立生态文明价值观念和行为准则，把建设美丽中国化为全民自觉行动。"② 公众不仅是环境治理成果的享有者，也是环境治理的参与者。形式多样的各类社会团体和具有环保素养的公民是环境治理的重要载体。

首先，要明确公民生态文明建设的主体责任。生态文明建设需

---

① 任祥. 生态文明视域下公众参与环境保护的制度理性分析［J］. 生态经济，2020，36（12）：220.

② 中共中央国务院关于全面加强生态环境保护 坚决打好污染防治攻坚战的意见［M］. 北京：人民出版社，2018：5.

要发挥社会每个主体的作用。公众不仅可以直接参与生态文明建设，还能够间接地发挥决策和监督作用。一方面公众享受着利用生态资源给生产和生活带来的巨大改变，因此要履行环境保护的义务。另一方面，公众作为社会监督的重要组成，要积极融入监督政府、企业和其他社会组织在环境保护上的成效。

其次，要制定公民参与生态文明建设的保障机制。完备保障机制是公民积极参与生态文明建设的重要前提。采取有效的政策保障引导公众主动参与环境治理，发挥群众在环境信息公开和环境影响评价等方面的积极作用。因此，应要不断创新方法和途径，广开言路，为群众表达意愿提供各种渠道，使生态文明建设从决策、执行到评价和监督各个环节都有社会公众的广泛参与，最终形成具有中国特色的生态文明公众参与制度。

最后，要完善公民参与生态文明建设的教育体系。公民受教育水平会影响公众参与生态文明建设的程度，因此，加大对公众环境保护的教育具有重要意义。一方面可以从国家层面，将绿色文化融入教育体系，制定绿色教育的人才培养计划，通过政策和资金支持引导学校做好绿色教育工作。另一方面，也要重视家庭教育。父母是孩子的第一任老师，父母生态环境保护意识缺乏无法对孩子进行良好的生态文明教育。因此，父母要转变不合理的生活方式和消费方式，提高自身的生态责任，主动学习环境知识，言传身教，为孩子做好表率。

第三节　完善现代环境治理体系

生态文明制度是一个综合系统，其完备与否不仅关系生态文明建设成败，而且关乎国家治理现代化的实现。通过完善生态环境监管体系、完善环境治理政策支撑体系、健全生态环境保护法治体系、构建生态环境保护社会行动体系，推动各方面制度更加成熟更加定型，把我国制度优势更好地转化为国家治理效能。

一、改革完善生态环境监管体系

习近平在党的十九大报告中指出，要“设立国有自然资源资产管理和自然生态监管机构，完善生态环境管理制度”①。政府要明确作为生态环境监管的角色定位，转变政府职能，化身为环境治理的制度设计者和监督者。《中共中央国务院关于全面加强生态环境保护坚决打好污染防治攻坚战的意见》提出，要“整合分散的生态环境保护职责，强化生态保护修复和污染防治统一监管”②，实现各部门合作、协同进行治理环境，由重视分工转向重视合作，避免“九龙治水，各自为政”的弊端。完善生态环境监管体系，“要加快自然资源及其产品价格改革，完善资源有偿使用制度。要健全自然资源资产管理体制，加强自然资源和生态环境监管，推进环境保护督察，落实生态环境损害赔偿制度，完善环境保护公众参与制度”③。

首先，完善环境管理制度。环境管理制度包括自然资源资产产权制度和用途管制制度。“健全国家自然资源资产管理体制是健全自然资源资产产权制度的一项重大改革④。”这一制度的建立，有助于加强对自然资源环境的产权、使用、监督和管理，促进资源高效利用。

其次，完善生态补偿制度。生态补偿制度包括资源有偿使用、生态补偿、环境损害赔偿制度。“建立反映市场供求和资源稀缺程度，体现生态价值、代际补偿的资源有偿使用制度和生态补偿制度”⑤。建立生态补偿机制是保护生态环境的重要手段，也是建立现

---

① 习近平. 决胜全面建成小康社会 夺取新时代中国特色社会主义伟大胜利——在中国共产党第十九次全国代表大会上的报告［M］. 北京：人民出版社，2017：52.

② 本刊编辑部. 中共中央国务院关于全面加强生态环境保护 坚决打好污染防治攻坚战的意见［N］. 人民日报，2018-06-25.

③ 中共中央文献研究室. 习近平关于社会主义生态文明建设论述摘编［M］. 北京：中央文献出版社，2017：110.

④ 中共中央文献研究室. 习近平关于社会主义生态文明建设论述摘编［M］. 北京：中央文献出版社，2017：101.

⑤ 中共中央文献研究室. 习近平关于社会主义生态文明建设论述摘编［M］. 北京：中央文献出版社，2017：100.

代化环境治理体系的重要内容。建立自然资源的有偿使用制度，坚持使用资源的付费原则，能够唤起使用者对资源的价值认知，自觉地珍惜资源，推动资源节约型社会建设。

最后，完善生态修复制度。要建立和完善以末端修复为核心的生态修复制度。生态修复是改善生态环境、促进人与自然和谐共生的重要手段。依靠自然自身的恢复能力，辅之以人工手段，对生态系统的修整与恢复，使遭受破坏的生态系统恢复本来面貌，实现可持续发展。建立和完善资源环境生态红线制度。“要以资源环境承载力为硬约束，确定人口总量上限，划定生态红线和城市开发边界”①。划定生态保护红线，将环境污染控制、环境质量改善和环境风险防范有机衔接起来，是强化生态环境保护的强制性规范性手段，这是加强环境制度建设的重要举措。

二、完善环境治理政策支撑体系

环境治理现代化建设是一个长期的过程，只有建立科学的、规范的、长期的、稳定的经济政策支撑体系，才能推进我国环境治理现代化进程。

（一）完善环境治理的政策支撑体系

环境治理的政策支撑体系包括促进绿色发展的财政、税收和金融等政策，为企业绿色发展和环境治理提供政策支持。政府要进行一部分财政投入，对积极进行绿色改造、推进绿色生产的企业给予一定的资金支持，对生产绿色产品的企业给予一定的价格补贴；政府要完善绿色税收政策，将所有应受保护的资源都纳入环境税，并按稀缺程度适当提高税率，运用税收的调节机制实现资源环境保护。此外，由于政府用于环境治理的财政支出有限，难以弥补长期环境治理的资金缺口，这就需要政府通过绿色信贷、绿色债券等金融手段，依托银行、各类金融服务等多元化的社会融资，发挥金融机构的融资功能，创新绿色金融手段，进行绿色金融投资。长期以来，

---

① 中共中央文献研究室．习近平关于社会主义生态文明建设论述摘编［M］．北京：中央文献出版社，2017：75.

金融投资主要集中在交通、能源等领域，这些领域虽然实现了国家经济总量的提高，也带来了产能过剩、环境污染等问题。而随着环保产业的兴起，衍生出的绿色金融和服务也将成为金融投资的新方向。党的十九大报告中明确提出要“发展绿色金融”①，表明了发展绿色金融对于实现环境治理体系现代化的重要意义。绿色金融投资的一个重要特点就是投资决策和投资项目的“绿色化”。绿色金融的投资项目在考虑预期回报与成本时，能基于该项目潜在的、长期的环境影响出发，制定有利于资源节约、环境友好的投资决策，选择环境保护型的投资项目。绿色金融投资将社会资本引入环保领域，既保障社会资本的绿色投资方向，为绿色产业提供资金支持，也推动企业绿色生产，为绿色发展奠定基础。

（二）加快构建绿色产业体系

“壮大节能环保产业、清洁生产产业、清洁能源产业”②。构建绿色产业体系是推进绿色发展的必然选择，是环境治理的内在要求。习近平提出：“产业发展要体现绿色循环低碳发展要求”③“要坚定不移走绿色低碳循环发展之路”④，指明了绿色产业体系构建的实施路径。绿色产业是指采用无害或低害的新工艺、新技术，降低生产过程的能源和材料消耗，生产绿色产品的产业。绿色产业相对于传统产业而言，更加注重生产、分配、交换、消费各环节的清洁化、绿色化，以最少的能源消耗带来最大的经济效益，实现经济社会的可持续发展。绿色产业并不是替代现有产业，而是对传统企业进行技术升级，使其生产过程走向清洁化。绿色产业体系的构建能改变传统高能耗、高污染的产业模式，减少环境污染。在对企业生产技术进行改造的同时，绿色产业体系的构建也有利于改变经济增长方式、调整产业结构，推动环境友好型社会的建立。

---

① 习近平. 决胜全面建成小康社会 夺取新时代中国特色社会主义伟大胜利——在中国共产党第十九次全国代表大会上的报告［M］. 北京：人民出版社，2017：51.

② 同①.

③ 同①：70.

④ 中共中央文献研究室. 习近平关于社会主义生态文明建设论述摘编［M］. 北京：中央文献出版社，2017：31-32.

三、健全生态环境保护法治体系

完善环境法律是环境治理体系现代化的重要内容，也是全面依法治国的彰显。从党的十八大提出要“加强生态文明制度建设”、党的十八届三中全会首次确立生态文明制度体系，到党的十八届四中全会指出要“全面推进依法治国”至党的十九大明确提出“加快生态文明体制改革”，对我国加强环境法治化建设具有重要的指导意义。依法治国就是要约束权力和各种经济主体的行为，环境法律就是将依法治国理念融入环境治理中，用法律保护生态环境。习近平同志十分重视环境法律建设，他强调，“保护生态环境必须依靠制度、依靠法治”①。“要完善法律体系，以法治理念、法治方式推动生态文明建设”②。用最严格的制度、最严密的法治保护生态环境。首先，要更新立法原则。把生态文明理念融入环境立法，增加新污染源管制的法律制度建设，并进一步提升法律制度的协调性，建立实现各部门协调治理的环境法律机制。其次，要改革环境司法，充分运用司法机制保护生态环境，健全环境公益诉讼制度，建立有助于环境公益诉讼的审判体制。最后，要提升各级政府环境执法能力，明确中央政府环境职责的同时也要界定地方政府的环境责任，通过加快党政同责的环保督查法治化进程，强化环保督查制度建设，夯实地方政府环保责任制。

四、构建环境保护社会行动体系

加快构建环境保护的社会行动体系，是贯彻落实党的十九大精神的重要举措，对于新时代推进环境治理体系现代化有着重要而深远的意义。环境保护社会行动体系的构建，不仅需要培育普及生态

---

① 中共中央文献研究室．习近平关于社会主义生态文明建设论述摘编［M］．北京：中央文献出版社，2017：99.

② 中共中央文献研究室．习近平关于社会主义生态文明建设论述摘编［M］．北京：中央文献出版社，2017：110.

文化、完善环境信息的公开制度，发挥群众在环境信息公开和环境影响评价等方面的监督作用，也要推动社会组织和公众参与环境保护，提高全社会的环境保护意识，营造全社会共同参与环境保护的良好氛围。

（一）加强生态文化建设

加强生态文化建设，需要培育普及生态文化。《意见》指出：要“推进国家及各地生态环境教育设施和场所建设，培育普及生态文化”①。培育生态文化是生态文明建设的重要内容，也是构建生态环境保护社会行动体系的必然要求。习近平同志高度重视生态文化建设，强调要加强生态文化建设和人与自然和谐相处的生态价值观建设②，“要加快建立健全以生态价值观念为准则的生态文化体系”③。建立生态文化体系，核心是培育公民生态素养，树立生态价值观。一方面，要以人与自然关系为出发点，处理好人与环境的自然关系，树立人与自然和谐共生理念；另一方面，处理好人与人的社会关系，在全社会形成“保护环境，引以为荣”的文化氛围，增强全社会的生态责任感。把培育公众生态文化作为环境治理现代化的“软实力”，提高全民的生态意识，切实增强公众参与环境治理意识，促进公众参与生态文明建设的积极性。

（二）完善环境信息公开制度

环境信息公开是公众参与环境治理的前提，有助于保障公众在环境保护方面的知情权和监督权，也有利于畅通公众的环保诉求，实现环境治理的表达权、参与权，是提升公众参与环境治理积极性的有效方式。环境信息包括政府层面和企业层面的信息公开。从政府层面看，环境信息指政府环保部门在履行环境保护职责中制定或者获取的，以一定形式记录、保存的信息。从企业层面看，环境信息指企业将其生产过程中对环境影响的相关信息。完善环境信息公

---

① 本刊编辑部. 中共中央国务院关于全面加强生态环境保护 坚决打好污染防治攻坚战的意见［N］. 人民日报，2018-6-25.

② 习近平. 之江新语［M］. 杭州：浙江人民出版社，2007：48.

③ 习近平. 之江新语［M］. 杭州：浙江人民出版社，2007：48.

开制度，要健全生态环境新闻发布机制，充分发挥广播电视、报纸、网站等各类媒体强大的传播力和社会影响力，通过专门的信息报道，曝光突出环境问题，对相关环境问题进行及时信息披露，倒逼市场经济主体遵守环境保护的法律法规，促进环境管理部门加强环境监管。完善环境信息公开制度，还必须完善公众环境知情权。对涉及群众切身利益的重大项目及时主动公开相关环境信息，让公众了解重大项目对生态环境的影响情况。要加强重特大突发环境事件信息公开，增强公众参与环境治理的积极性、主动性。完善环境信息公开制度，要求重点排污单位依法公开排污信息，接受舆论监督。要强化排污者主体责任，通过环境法律规范、政策引导和建立激励机制，促进企业严格守法，规范自身环境行为，落实资金投入、物资保障、生态环境保护措施和应急处置主体责任①。通过环境信息公开，既可以激励市场和政府等主体监督企业的环境表现，促使企业绿色生产、降低排放，也是完善公众环境知情权的内在要求。

（三）推动社会组织和公众参与环境治理

社会组织和公众作为环境治理的推动者，应积极参与环境管理、监督，一方面，要通过建立环境治理的民主决策机制、激励机制，调动社会组织和公众参与环境治理的积极性；另一方面，社会组织要积极引导公众践行绿色生活方式，积极参与环境监督和管理，为环境治理贡献力量。因此，要建立激励机制，积极推动社会组织和公众参与环境治理。要完善公众监督、举报反馈机制，保护举报人的合法权益，鼓励设立有奖举报基金②，积极推动社会组织和公众参与环境治理。

① 本刊编辑部. 中共中央国务院关于全面加强生态环境保护 坚决打好污染防治攻坚战的意见[N]. 人民日报，2018-6-25.

② 本刊编辑部. 中共中央国务院关于全面加强生态环境保护 坚决打好污染防治攻坚战的意见[N]. 人民日报，2018-6-25.

第四节　提升现代环境治理能力

推进环境治理能力的现代化，需要强化生态环境保护能力保障体系，提高环境治理水平。环境治理能力是指环境治理主体本身的能力和发挥环境制度治理功能的能力①。环境治理能力现代化的主要任务是使环境治理更加科学化、高效化、智慧化。首先，通过开发符合生态文明要求的绿色技术，通过绿色技术创新破解环境治理难题。其次，要构建全覆盖、一体化的生态环境监测网络，实现生态环境与自然资源的实时监控。再次，积极运用大数据平台，推进生态环境大数据的应用创新，提升政府生态环境决策科学化与精细化的水平。最后，以环境监管能力提升保障环境治理效果，提高环境执法能力。

一、运用绿色技术破解治理难题

环境治理能力的提升需要更新治理技术、升级治理手段。科学技术革命是推动国家治理体系和治理能力现代化的重要工具。从技术变革视角看，要实现环境治理能力现代化，必须综合运用各种手段，加快绿色技术创新进程，运用绿色技术破解环境治理难题。

（一）绿色技术创新是破解环境治理难题的重要手段

面临严峻的形势，如何破解环境治理的难题？如何形成人与自然和谐发展的新格局？习近平总书记讲得非常清楚，我们需要“依靠科技创新破解绿色发展难题”②，“需要依靠更多更好的科技创新，建设天蓝、地绿、水清的美丽中国”③。符合生态文明要求，能够促

---

① 习近平．坚决打好污染防治攻坚战 推动生态文明建设迈上新台阶［J］．党建，2018（6）：4-6.

② 中共中央文献研究室．习近平关于社会主义生态文明建设论述摘编［M］．北京：中央文献出版社，2017：34.

③ 中共中央文献研究室．习近平关于社会主义生态文明建设论述摘编［M］．北京：中央文献出版社，2017：71.

进绿色发展的科技创新，实质就是绿色技术创新。绿色技术创新从理念、设计、研发到生产各个环节都体现了绿色发展要求，注重资源的循环利用和生态的可持续发展。通过绿色技术创新，开发绿色技术，应用于企业生产，能够提高资源利用效率，提高废弃物循环能力，减少废弃物的排放和生产中的资源浪费，实现经济增长和环境治理共同推进。绿色技术是环境治理的技术基础，是能够节约资源、减少环境污染、保护生态环境的技术。绿色技术创新不仅能通过节约资源的方式解决环境问题，也有助于环境治理现代化的实现。只有依靠绿色技术创新，转变生产方式，才能破解企业生产中的绿色发展难题，真正实现从源头进行环境治理，切实体现“源头防治”的要求，提高环境治理能力。

（二）构建市场导向的绿色技术创新体系

构建市场导向的绿色技术创新体系，通过市场倒逼驱动机制实现环境治理现代化。党的十九大报告中指出要“构建市场导向的绿色技术创新体系”①。推进环境治理能力现代化，利用绿色技术促进绿色发展，就是要生产出不污染环境、不危害人体健康的绿色产品。市场经济条件下供求关系相互影响、相互制约。市场需求对企业的供给具有不可替代的调节作用，能够自发地配置资源，影响企业的生产经营活动。企业作为市场竞争主体是产品或服务的供给方，只有紧跟市场的需求进行技术研发和组织生产，突出产品和服务的稀缺性，才能实现利润最大化目标，才能在市场竞争中占据优势。因此，市场是绿色技术创新的驱动力，也是检验绿色技术运用效果的试金石。绿色技术能否规模化生产，很大程度上取决于市场的需求。只有将技术开发方的绿色技术创新成果置于市场中，能够被企业购买，为企业实施绿色生产服务，技术开发方才能实现绿色技术创新价值，从而激励技术开发方积极开展绿色技术创新。政府要发挥调控作用，改革环境保护体制机制，“严格执行环保、安全、能耗等市

---

① 习近平. 决胜全面建成小康社会 夺取新时代中国特色社会主义伟大胜利——在中国共产党第十九次全国代表大会上的报告［M］. 北京：人民出版社，2017：5.

场准入标准，淘汰一批落后产能”①，建立市场倒逼驱动机制。一方面，政府要运用严格的环境制度，引导企业开发、利用绿色技术，推行绿色生产；另一方面，政府也要通过完善政策支撑、提供资金保障等激励性措施，降低企业开展绿色技术创新的成本，增强企业技术创新的主动性和积极性，驱动企业自觉进行技术创新。

（三）加强宣传教育

从政府视角来讲，政府应加强宣传教育，提高消费者的绿色消费意识，树立绿色消费观念，主动购买绿色产品，抵制“黑色产品”。绿色消费是人与自然、社会、经济和谐共存的消费方式，包括绿色产品的使用、废弃物的回收、循环利用等。通过树立绿色文化的价值导向，培育绿色价值观，倡导绿色消费，引导消费主体自觉选购、使用绿色产品，增强全社会的绿色消费需求，扩大绿色市场，带动企业积极开发绿色技术，生产出更多、更好的绿色产品，形成绿色技术创新的良性循环，提高环境治理能力的现代化水平。

二、加强生态环境监测网络建设

加强生态环境监测网络信息化建设，提高环境治理的科学化、高效化水平。“建立独立权威高效的生态环境监测体系，构建天地一体化的生态环境监测网络，实现国家和区域生态环境质量预报预警和质控”②，是环境治理能力现代化的重要体现。“要抓紧完善法律法规，加强对农产品生产环境的管理，完善农产品产地环境监测网络，切断污染物进入农田的链条”③。农产品产地环境监测网络是环境监测的组成部分，也是环境信息化建设的重要内容。依托网络信息化加强农产品等环境污染源监控、环境质量监测、污染投诉、排污收费等环境监测系统的建设，不仅是维护人民生态安全的必然要

---

① 习近平. 决胜全面建成小康社会 夺取新时代中国特色社会主义伟大胜利——在中国共产党第十九次全国代表大会上的报告［M］. 北京：人民出版社，2017：84.

② 本刊编辑部. 中共中央国务院关于全面加强生态环境保护 坚决打好污染防治攻坚战的意见［N］. 人民日报，2018-6-25.

③ 中共中央文献研究室. 习近平关于社会主义生态文明建设论述摘编［M］. 北京：中央文献出版社，2017：103.

求，也是提升环境治理能力现代化的重要举措。2015 年，国务院发布《生态环境监测网络建设方案》（以下简称《方案》），对如何推进环保信息化建设进行了顶层设计，明确了环境监测网络建设的原则、目标及具体内容，不仅为建设生态文明指明了方向，也为提升环境监测的综合能力进行了部署。《方案》提出要“依靠科技创新与技术进步，加强监测科研和综合分析，强化卫星遥感等高新技术、先进装备与系统的应用，提高生态环境监测立体化、自动化、智能化水平”①。“推进全国生态环境监测数据联网和共享，开展监测大数据分析，实现生态环境监测与监管有效联动”②。经过 40 多年的发展，环境监测工作不断信息化、智能化，环境监测体系从萌芽孕育到发展壮大，为环境治理能力提升奠定了坚实基础。目前，我国生态环境监测网络初步建立，并逐步走向专门化。除环保系统的生态环境监测网络外，水利、国土、气象、林业、农业、海洋等部门的生态环境监测网络也得到发展，基本形成全方位生态环境监测新格局。环境治理能力是一种典型的跨行业、多类型的综合业务，其科学化、现代化实施需要协调各方力量共同推进。虽然环境治理信息化建设的方向已基本清晰，其实现过程仍任重道远。为此，要深化生态环境监测体制改革，加快形成上下协同、信息共享的环境监测网络，提高环境监测的现代化水平，并通过信息化的技术管理，打通各部位信息交换渠道，使用网站链接、视频直播等互联网方式加强与公众的信息互通，用信息技术构建信息化的新型环境治理体系。同时，要引导和鼓励企业或个人的监测设备加入环保监测网络，作为官方环境监测的补充力量。

三、提升生态治理科学化水平

当代科学技术的发展已经进入了大数据时代。大数据是数据挖

① 胡晓明. 生态文明建设视域下我国环境治理体系建设研究［J］. 生态经济，2017（2）：180-183.

② 胡晓明. 生态文明建设视域下我国环境治理体系建设研究［J］. 生态经济，2017（2）：180-183.

掘和智慧应用的前沿技术。大数据时代，运用环境大数据的分析手段进行环境治理，是实现环境治理能力现代化的重要途径。“要积极运用全球变化综合观测、大数据等新手段，深化气候变化科学基础研究”①。运用环境大数据的分析手段，提高环境治理水平，提高顶层设计和决策的科学性，推动环境精细化管理，改变传统经验型环境预测、决策方式，实现环境管理和环境决策的现代化转向。环境大数据是在环境感知需求不断扩张、数据挖掘技术不断革新的基础上提出的，目前正处于起步阶段。环境问题的复杂性，需要多部门、多地区相互配合，采集与处理环境监测信息数据的工作量任务繁重。环境大数据的实施能确保环境监测数据的质量，保证监测数据科学有效，极大地提高环境治理效率，带来环境治理和环境决策的重大变革，推进环境监测和治理能力现代化。由于环境质量的改善既要控制污染源的排放量，同时也要兼顾环境容量，而各地区的环境容量、污染来源均不相同，因此，通过对环境大数据的有效分析，在目标制定阶段，精准地模拟当地的真实环境，采取分步骤、分区域地制定“个性化”目标，以确保治理目标的科学性和可操作性；在问题诊断阶段，通过环境大数据的使用，在监控环境指标时，能全面感知环境质量、污染物排放的动态变化过程，有效判定环境污染的来源，强化环境治理效果；在解决方案阶段，以大量环境数据为支撑，改变传统泛化的建议对策，将许多原本不能量化的内容变得容易量化，为建立模型提供了可靠支撑，更好地搭建治理方案与治理目标之间的桥梁，有效地解决环境污染问题。

四、加强生态执法能力建设

环境监管是环境治理的重要组成部分。习近平在讲话中多次强调环境执法监管的重要性，“要严格指标考核，加强环境执法监

① 中共中央文献研究室．习近平关于社会主义生态文明建设论述摘编［M］．北京：中央文献出版社，2017：141.

管"[1]，"加强自然资源和生态环境监管"[2]。加强我国环境执法监管能力不仅是适应环保工作发展的新趋势，也是推进环境治理能力现代化的应有之义。近年来，我国在环境监测预警体系、环境执法监督体系方面开展了大量工作，环境监管水平显著提升。然而，新时代，面对建设美丽中国的目标，环境执法监管能力仍不能满足生态文明建设的需求。现阶段，基层环境监察机构特别是一些农村地区环境监管不足；环境监测管理人员专业知识和学历水平有待提高。针对上述问题，要不断加强环境监管执法能力建设。

首先，从硬实力看，要强化环境监管能力，着重加强对新增减排领域的环境监管能力建设。进一步加强环境预警体系建设，提高环境突发事故处理处置水平，提升环境监测和环境治理能力；同时，还要加快环境监管的信息化建设，推动数据共享，发挥现代化技术在污染源监控、环境治理监测中的效用。

其次，从软实力看，环境监测执法人才队伍建设是实现环境治理能力现代化的核心。推进环境治理能力现代化最根本的是要培养具有现代化思维方式的人才，没有环境监测人才的现代化建设，环境监测现代化就成了无源之水。因此，要加强环境监管执法队伍的职业化建设，着力造就一批掌握环境治理科学理论、善于运用现代化手段、具有开放性思维方式的现代环境监管执法人员，为实现环境监测技术现代化、管理现代化和执法现代化提供人才支撑。

总之，制度的生命力在于执行。制度执行和落实的过程，也是制度功能得以发挥、产生效果的过程。只有生态环境治理能力和水平得到有效提升，各项生态文明制度和生态环境治理政策的执行才能得到有力保障，才能将中国特色社会主义生态文明制度优势转化为治理效能。从国家层面看，坚持和完善中国特色社会主义制度，推进国家治理体系和治理能力现代化，提升环境治理能力，应当在顶层设计前提下，强化系统治理、依法治理、综合治理的治理思路，并通过优化升级绿色技术，提升环境治理效能。

---

①② 中共中央文献研究室. 习近平关于社会主义生态文明建设论述摘编［M］. 北京：中央文献出版社，2017：104，100.

结　论

中国生态文明制度建设思想是在实践基础上的理论创新，是在吸收马克思主义生态观、借鉴西方主流生态思想、继承中国古代生态保护智慧基础上，科学地回答了为什么要进行生态文明制度建设，建设什么样的生态文明制度，以及怎样构建生态文明制度体系。在中国生态文明制度建设的道路探索过程中，由理念到实践、由单一制度到系统制度体系、从自上而下的环境管理制度到多元参与的现代环境治理体系，不断加强制度建设的顶层设计，构建生态文明制度体系。经过新中国成立70多年的探索，中国共产党领导人民在中国建立了具有中国特色的生态文明制度，形成了具有中国特色的生态文明建设模式，开辟了具有中国特色的生态文明建设道路。本书在梳理中国生态文明制度建设思想演进的历史过程基础上，归纳中国生态文明制度建设思想的主要内容，提出进一步完善中国生态文明制度的对策建议。

一、中国生态文明制度的理论阐释

从生态文明制度建设思想的形成过程看，生态文明制度建设思想探索于新中国成立之初，起步于改革开放新时期，发展并完善于党的十八大之前，成熟于中国特色社会主义新时代，既包含制度体系的一脉相承性，也具有随着实践不断深化的与时俱进性。从生态文明制度建设思想的主要内容看，生态文明制度建设并不是单一地设定某项制度，而是包括观念、法治、评价、文化在内的一整套科学系统的制度体系，是由引导性生态文明制度、强制性生态文明制度及保障性生态文明制度等若干制度要素有机结合形成的系统的制度体系。

第一，观念层面的环境道德教育制度，主要包括环境道德教育正式制度和非正式制度。环境道德教育为生态文明建设提供道德支持，有助于提高人类的生态道德修养，加强人们生态文明建设的行动自觉。

第二，强制性的环境保护法治体系，主要包括在源头建立环境管理体制，在过程建立生态补偿制度及在末端建立生态修复制度。这类制度是生态文明制度建设在经济层面的体现，是运用生态补偿及生态修复等经济手段保护生态环境。源头保护制度主要是以环境管理为核心，在环境保护的源头上建立国土空间开发保护制度、自然资源资产产权制度、用途管制制度，以及生态红线制度；在过程中的补偿制度则包括资源的有偿使用制度及环境损害赔偿制度；末端的修复制度主要指耕地的整理、复垦等制度。

第三，保护生态环境必须依靠制度、依靠法治，最重要的就是要建立体现生态文明要求的目标体系、考核办法、奖惩机制，根本上说，就是要彻底转变观念，实施绿色的政绩考核评价制度。在建设美丽中国的时代背景下，转变传统单一的以经济发展为宗旨的政绩观，建立绿色、科学的领导干部政绩考核评价体系，将生态环境的发展指标纳入政绩考核中，不仅考察领导干部任期内的经济发展情况，更要将环境保护成效纳入其政绩考核中，对违反环境保护的做法实施终身追责。绿色政绩考评制度的完善有助于转变生态文明制度建设的考评体系，更好地将制度优势转化为治理效能。

第四，培育生态文化，形成环境保护的良好社会氛围。要通过深入开展生态文明宣传普及教育，使生态文明制度真正深入社会公众头脑，内化于心，外化于行动。培育生态文化可以从普及公众生态文明理念、加强学校绿色教育及推进企事业单位的生态文明制度建设三个方面展开，引导公众形成符合生态文明价值取向的生活方式和消费方式。

总之，这四类制度共同构成了中国特色社会主义生态文明制度的主要内容。第一类制度是运用道德文化教育，从观念层面对环境保护主体进行生态文化培育及生态道德教化，健全环境道德正式制度与非正式制度，通过教育方式实现环境保护的目标。第二类制度以法律强制性为保障，建立的生态环境保护制度，主要包括源头的保护制度、过程的损害补偿制度及末端的修复制度，尽可能降低对生态环境的破坏。第三类改进绿色政绩考核评价制度，要求转变传统的以经济增长为指标的政绩考核制度，将资源消耗、环境损害和生态效益纳入经济社会考核评价体系之中，建立与生态文明建设相关的考核评价制度、奖惩制度及责任追究制度。第四类制度属于生态文明制度建设思想的“柔性”内容，以生态文化的培育为主要形式。通过生态文化的培育，培育具有生态思维方式的“生态人”，以最小的投入发挥制度最大的“红利”作用，实现建设社会主义生态文明的目标。以上四类制度相辅相成，从环境道德教育、法律保障制度、考核评价体系、生态文化培育各领域全面地规定了生态文明制度建设的具体内容，构成中国生态文明制度建设思想体系，助力人与自然和谐相处现代化目标的实现。

二、完善中国生态文明制度建设的对策分析

经过长期努力，我国在生态文明制度上已经取得了令世界惊叹的巨大成就，为国家治理体系和治理能力现代化奠定了坚实的基础，但绝不能就此满足，因为，环境治理一定程度上存在着治理成效不稳定、治理基础不牢固、制度效能发挥不够等现实困境，有待持续深化和突破。

第一，加强党对环境保护的领导。党的领导是中国特色社会主义最本质的特征和中国特色社会主义制度的最大优势。全面加强党对环境保护的领导是推进生态文明建设的政治保障，是新时代实现国家治理体系和治理能力现代化的内在要求。以习近平为核心的党中央将生态文明作为党的重大战略抉择，并将其写入党章，纳入宪法，要求健全领导责任体系，明确省级党委和政府对本地区环境治理负总体责任，实行环境保护“党政同责，一岗双责”，有效破解了企业造成的污染却由政府买单的历史困境。

第二，强化环境保护责任体系。生态文明建设不仅是经济问题，而且越来越具有政治性。党和政府一方面要在政府的行政管理中强

化其生态责任，形成生态自觉意识；另一方面，要加强自身生态能力建设，建立健全生态问责制度，构建责任政府与生态政府并存的“复合型”政府发展机制。宏观上，制定相关的法律保障，明确政府的生态责任，完善政府的生态建设责任，为生态文明建设提供制度基础；微观上，加快审计评价制度形成，建立生态事故的政府行政问责制度。这样，在政府责任体系中，建设高层次的、具有根本意义的生态责任体制，以制度保建设，以行动促发展，保证建设社会主义生态文明事业的健康发展。此外，企业和公众作为生态文明建设的重要参与者，也要明确其责任，共同推进美丽中国建设。

第三，完善现代环境治理体系。党的十八届三中全会中提出“推进国家治理体系和治理能力现代化”，“建立系统完整的生态文明制度体系”。前者是全面深化改革总目标的重要内容，体现了治国理政理念的重大变革，后者是生态文明建设的核心内容，体现了生态环境治理理念的重大创新。将二者结合起来推进国家环境治理现代化是实现生态文明建设目标的必然选择。通过完善生态环境监管体系、完善环境治理政策支撑体系、健全生态环境保护法治体系、构建生态环境保护社会行动体系，推动各方面制度更加成熟更加定型，实现环境治理体系现代化。

第四，提高环境治理能力现代化水平。环境治理能力影响环境治理体系的发挥，现代环境治理能力可以更好地将环境治理的制度优势转化为环境治理的效能。首先，通过开发符合生态文明要求的绿色技术，通过绿色技术创新破解环境治理难题。其次，要构建全覆盖、一体化的生态环境监测网络，实现生态环境与自然资源的实时监控。再次，积极运用大数据平台，推进生态环境大数据的应用创新，提升政府生态环境决策科学化与精细化的水平。最后，以环境监管能力提升保障环境治理效果，提高环境执法能力。

面向未来，新时代坚持和完善生态文明制度体系必须提升生态文明制度建设自信，引导全社会坚定生态文明制度自信。一是逐步提升生态文明制度之间的衔接性，充分发挥制度的整合性，避免制度重复、制度冲突，形成制度的强大合力。既要处理好生态文明顶层制度与生态文明建设具体制度的关系，也要处理好具体制度规定与不同法律法规之间的关系。二是要在继承中华优秀传统环境保护制度建设成果基础上，强化生态文明制度建设的中国特色，提升生态文明制度建设的软实力。三是要构建生态文明制度建设的中国话语体系，提升生态文明制度话语的国际影响力。通过加强生态文化培育，将制度规范融入环境道德教育之中，引导公众自觉遵守制度并执行制度，形成绿色的生活方式和生活习惯。四是要以中国生态文明制度建设的特色展示中国生态文明制度自信，打造“升级版”的生态文明制度，构筑具有中国特色的生态文明制度体系。

任何理论研究都有其时代局限性。由于笔者学术水平有限及篇幅限制，本书仅对中国生态文明制度建设的必要性、思想的理论基础、主要内容及其完善的对策方面进行了初步研究。以新中国成立初期为时间开端，梳理了从新中国成立以来至今的生态文明制度建设思想的演进历程，阐释中国生态文明制度的主要内容，明确新时代坚持和完善生态文明制度体系的战略重点，在国家治理现代化视角下提出完善生态文明制度建设的路径。在研究中对新中国成立前及中国古代生态文明制度建设的具体内容关注不足，仅对每个时期的生态文明制度建设的特点进行凝练，尚未从中国生态文明制度建设的整体分析中国生态文明制度建设思想的基本特征。随着实践的不断深入，对于中国生态文明制度建设的具体内涵必将更加深化。另外，本书关注中国态文明制度建设，对西方国家的环境保护建设、以及其他社会主义国家的生态保护实践尚未考察。对于这些问题及其他更多相关问题的探索，为今后深入研究提供了思考方向。

参考文献

一、著作类

[1] 《中国环境年鉴》编辑委员会.中国环境年鉴1990[M].北京:中国环境科学出版社,1990.

[2] 毛泽东.毛泽东选集(1-4卷)[M].北京:人民出版社,1996.

[3] 中共中央文献研究室.十四大以来重要文献选编(中)[M].北京:人民出版社,1997.

[4] 安东尼·吉登斯.现代性的后果[M].田禾,译.南京:译林出版社,2000.

[5] 国家环境保护总局,中共中央文献研究室.新时期环境保护重要文献选编[M].北京:中央文献出版社,中国环境科学出版社,2001.

[6] 中共中央文献研究室.十五大以来重要文献选编(下)[M].北京:人民出版社,2003.

[7] 梅雪勤.环境史学与环境问题[M].北京:人民出版社,2004.

[8] 中共中央文献研究室.十六大以来重要文献选编(上)[M].北京:中央文献出版社,2005.

[9] 邓小平.邓小平文选(1-3卷)[M].北京:人民出版社,1993.

[10] 江泽民.江泽民文选(1-3卷)[M].北京:人民出版社,2006.

[11] 习近平.之江新语[M].杭州:浙江人民出版社,2007.

[12] 中共中央文献研究室.十六大以来重要文献选编(中)[M].北京:中央文献出版社,2008.

[13] 中共中央文献研究室.十六大以来重要文献选编(下)[M].北京:中央文献出版社,2008.

[14] 马克思,恩格斯.马克思恩格斯文集(1-10卷)[M].中共中央

马克思恩格斯列宁斯大林著作编译局,编译.北京:人民出版社,2009.

[15] 中共中央文献研究室.十七大以来重要文献选编(上)[M].北京:中央文献出版社,2009.

[16] 中共中央文献研究室.中国共产党第十八次全国代表大会文件汇编[M].北京:人民出版社,2012.

[17] 徐祥民.中国环境法制建设发展报告:2010 年卷[M].北京:人民出版社,2013.

[18] 曹前发.毛泽东生态观[M].北京:人民出版社,2013.

[19] 陈宗兴.生态文明建设[M].北京:学习出版社,2014.

[20] 习近平.习近平谈治国理政[M].北京:外文出版社,2014.

[21] 侯惠勤,范希春.十八届三中全会精神十八讲[M].北京:人民出版社,2014.

[22] 杨志.中国特色社会主义生态文明制度研究[M].北京:经济科学出版社,2014.

[23] 柴艳萍,王利迁,王维国.环境道德教育理论与实践[M].北京:人民出版社,2015.

[24] 胡锦涛.胡锦涛文选(1-3 卷)[M].北京:人民出版社,2016.

[25] 王伟光.习近平治国理政思想研究[M].北京:中国社会科学出版社,2016.

[26] 陈金清.生态文明理论与实践研究[M].北京:人民出版社,2016.

[27] 中共中央文献研究室.十八大以来重要文献选编(中)[M].北京:中央文献出版社,2016.

[28] 习近平.决胜全面建成小康社会 夺取新时代中国特色社会主义伟大胜利——在中国共产党第十九次全国代表大会上的报告[M].北京:人民出版社,2017.

[29] 习近平.习近平谈治国理政:第二卷[M].北京:外文出版社,2017.

[30] 中共中央文献研究室.习近平关于社会主义生态文明建设论述摘编[M].北京:中央文献出版社,2017.

[31] 刘建伟.新中国成立后中国共产党认识和解决环境问题研究[M].北京:人民出版社,2017.

[32] 刘立波.生态现代化与环境治理模式研究[M].北京:人民出版社,2018.

[33] 陈晓红,等.生态文明制度建设研究[M].北京:经济科学出版社,2018.

[34] 顾钰民,等.新时代中国特色社会主义生态文明体系研究[M].北京:人民出版社,2019.

[35] 习近平.习近平谈治国理政:第三卷[M].北京:外文出版社,2020.

[36] 李雅云,王伟等.生态文明制度建设十二题[M].北京:中共中央党校出版社,2020.

二、论文类

[1] 任祥.生态文明视域下公众参与环境保护的制度理性分析[J].生态经济,2020,36(12).

[2] 张芳.建设人与自然和谐共生的现代化[J].中国党政干部论坛,2020(11).

[3] 丁卫华.中国生态文明的制度自信研究[J].河海大学学报(哲学社会科学版),2020,22(05).

[4] 邬晓燕.新时代生态文明制度体系建设:进展、问题与多维路径[J].北京交通大学学报(社会科学版)[J].2020,19(04).

[5] 范伟.生态文明视野下环境执法监测的制度定位与法治建构[J].学习与实践,2020(10).

[6] 刘燕.坚持和完善党对生态文明建设领导制度的着力点与实践路径[J].环境保护,2020,48(18).

[7] 白荣君.我国新农村水生态文明实现的法律制度研究——以陕西为例[J].农业经济,2020(08).

[8] 李周.夯实生态文明制度体系 加快生态文明建设进程[J].中国农村经济,2020(06).

[9] 叶冬娜.国家治理体系视域下生态文明制度创新探析[J].思想理论教育导刊,2020(06).

[10] 沈满洪.人与自然和谐共生的理论与实践[J].人民论坛·学术前沿,2020(11).

[11] 罗琼,臧学英.制度建设视域下领导干部生态文明建设能力提升路径研究[J].领导科学,2020(12).

[12] 黄茂兴,叶琪.生态文明制度创新与美丽中国的福建实践[J].福建师范大学学报(哲学社会科学版),2020(03).

[13] 赵成.改革开放以来中国生态文明制度建设的政治与立法实践[J].哈尔滨工业大学学报(社会科学版),2020,22(03).

[14] 方世南.生态文明制度体系优势转化为生态治理效能研究[J].南通大学学报(社会科学版),2020,36(03).

[15] 秦书生,王曦晨.改革开放以来中国共产党生态文明制度建设思想的历史演进[J].东北大学学报(社会科学版),2020,22(03).

[16] 张开,王声啸,王腾,等.习近平新时代中国特色社会主义经济思想研究[J].政治经济学评论,2020,11(03).

[17] 邓建志,罗志辉.生态文明视角下专利审查制度之优化[J].科技与法律,2020(2).

[18] 郝栋.新时代中国生态现代化建设的系统研究[J].山东社会科学,2020(04).

[19] 李昌凤.完善我国生态文明建设目标评价考核制度的路径研究[J].学习论坛,2020(03).

[20] 成长春.完善促进人与自然和谐共生的生态文明制度体系[J].红旗文稿,2020(05).

[21] 张乾元,冯红伟.中国生态文明制度体系建设的历史赓续与现实发展:基于历史、现实与目标的三维视角[J].重庆社会科学,2020(01).

[22] 宋林飞.中国生态文明建设理论创新与制度安排[J].江海学刊,2020(01).

[23] 陈硕.坚持和完善生态文明制度体系:理论内涵、思想原则与实现路径[J].新疆师范大学学报(哲学社会科学版),2019,40(06).

[24] 潘家华.循生态规律,提升生态治理能力与水平[J].城市与环境研究,2019(04).

[25] 穆虹.坚持和完善生态文明制度体系[J].宏观经济管理,2019(12):8-11.

[26] 邬晓燕.我国生态文明治理变迁与责任落实[J].中国党政干部论坛,2019(12).

[27] 王旭,秦书生.习近平生态文明思想的环境治理现代化视角阐释[J/OL].重庆大学学报(社会科学版).

[28] 沈满洪.习近平生态文明体制改革重要论述研究[J].浙江大学学报(人文社会科学版),2019,49(06).

[29] 秦刚.新中国70年制度建设和国家治理成就[J].中国党政干部论坛,2019(10).

[30] 燕芳敏.人与自然和谐共生的现代化实践路径[J].理论视野,2019(09).

[31] 曹玉珊,马儒慧.自然资源会计核算主体的认定及其功能设计:基于生态文明制度建设视角[J].财会月刊,2019(17).

[32] 宋建军.完善生态文明建设年度评价制度的思考[J].宏观经济管理,2019(09).

[33] 马艳,刘诚洁,邬璟璟.新中国70年生态关系的发展演变及其理论逻辑[J].东南学术,2019(05).

[34] 任勇.关于习近平生态文明思想的理论与制度创新问题的探讨[J].中国环境管理,2019,11(04).

[35] 石磊,秋婕."十四五"时期生态环境重大制度政策创新的思考[J].中国环境管理,2019,11(03).

[36] 李昕,曹洪军.习近平生态文明思想的核心构成及其时代特征[J].宏观经济研究,2019(06).

[37] 张明皓.新时代生态文明体制改革的逻辑理路与推进路径[J].社会主义研究,2019(03).

[38] 包庆德,陈艺文.生态文明制度建设的思想引领与实践创新:习近平生态文明思想的制度建设维度探析[J].中国社会科学院研究生院学报,2019(03).

[39] 刘燕,薛蓉.生态文明内涵的解读及其制度保障[J].财经问题研究,2019(05).

[40] 刘志坚.新时代高校生态文明教育的制度体系探析[J].广西社会科学,2019(03)8.

[41] 李娟.中国生态文明制度建设40年的回顾与思考[J].中国高校社会科学,2019(02).

[42] 唐芳林,闫颜,刘文国.我国国家公园体制建设进展[J].生物多样性,2019,27(02).

[43] 魏胜强.论绿色发展理念对生态文明建设的价值引导:以公众参与制度为例的剖析[J].法律科学(西北政法大学学报),2019,37(02).

[44] 王思远.新时代生态文明制度建设路径探析[J].领导科学,2018(35).

[45] 南景毓.生态环境损害:从科学概念到法律概念[J].河北法学,2018,36(11).

[46] 何慧丽,温铁军.生态文明视域下脱贫攻坚的制度创新[J].人民论坛,2018(21).

[47] 宫长瑞,张旭东.迈向中国特色社会主义生态文明建设新时代:学习习近平关于生态文明建设的重要论述[J].新疆社会科学,2018(04).

[48] 王邱文,姜南.生态文明制度改革视野下的象牙贸易犯罪治理研究[J].林业经济,2018,40(06).

[49] 张本越,申振.生态文明视阈下我国环境会计的重新定位及其发展策略[J].南京工业大学学报(社会科学版),2018,17(03).

[50] 钟健生,徐忠麟.生态文明制度的冲突与整合[J].政法论丛,2018(03).

[51] 孙凌宇.习近平生态文明制度思想的包容性探析[J].青海社会科学,2018(03).

[52] 陈文斌,袁承蔚.以民为本:加快生态文明制度建设的根本[J].生态经济,2018,34(05).

[53] 杨勇,阮晓莺.论习近平生态文明制度体系的逻辑演绎和实践向度[J].思想理论教育导刊,2018(02).
[54] 吕东明.生态文明视域下农村环境保护法律制度的构建[J].农业经济,2018(02).
[55] 宋献中.学习贯彻十九大精神·新时代中国特色社会主义生态文明建设专栏[J].暨南学报(哲学社会科学版),2018,40(01).
[56] 邹长新,林乃峰,徐梦佳.论生态保护红线制度实施中的重点问题[J].环境保护,2017,45(23).
[57] 张廷银.建设美丽中国,实现伟大梦想[J].学习论坛,2017,33(12).
[58] 杨宜勇.加强绿色 GDP 绩效评估很有必要[J].中国党政干部论坛,2017(11).
[59] 陈伟.中国生态文明标准化:制度、困境与实现[J].马克思主义研究,2017(09).
[60] 唐鸣,杨美勤.习近平生态文明制度建设思想:逻辑蕴含、内在特质与实践向度[J].当代世界与社会主义,2017(04).
[61] 贺祥林,江丽.中国视域生态文明主流价值观及其践行[J].学习与实践,2017(08).
[62] 蔺雪春.论生态文明政策和制度的改革与完善:基于第一批中央环境保护督察及地方整改案例的分析[J].社会主义研究,2017(04).
[63] 王书明,黄敏.专家、生活者与生态系统服务价值的建构:生态文明制度建设的基础研究[J].哈尔滨工业大学学报(社会科学版),2017,19(04).
[64] 肖贵清,武传鹏.国家治理视域中的生态文明制度建设:论十八大以来习近平生态文明制度建设思想[J].东岳论丛,2017,38(07).
[65] 詹玉华.生态文明制度四个维度的创新与优化路径研究[J].江淮论坛,2017(04).
[66] 杨煜,季玉群.生态治理与文化治理的多层协同机制研究[J].

新疆社会科学,2017(03).
[67] 姚石,杨红娟.生态文明建设的关键因素识别[J].中国人口·资源与环境,2017,27(04).
[68] 赵建军,尚晨光.以制度和文化的协同发展推进生态文明建设[J].环境保护,2017,45(06).
[69] 赵晶.生态文明视角下环境治理特征的研究综述[J].经济研究参考,2017(16).
[70] 张爱军,刘姝红.构建生态文明与制度文明的双赢机制:基于微博的视角[J].晋阳学刊,2017(01).
[71] 秦书生,胡楠.习近平美丽中国建设思想及其重要意义[J].东北大学学报(社会科学版),2016,18(06).
[72] 张宁.德国生态账户制度对我国生态文明建设的启示[J].中国土地,2016(09).
[73] 付伟,刘媛,赵俊权.生态文明健商指数的提出及其实证分析[J].生态经济,2016,32(09).
[74] 顾钰民.发展理念引领下的制度建设[J].中国特色社会主义研究,2016(04).
[75] 徐忠麟,崔娜娜.生态文明制度与文化的通约与融合[J].重庆大学学报(社会科学版),2016,22(04).
[76] 贺东航.生态文明建设体制机制及制度创新的晋江经验研究[J].中共福建省委党校学报,2016(02).
[77] 高吉喜.加快"三个落实"建立生态保护红线制度[J].环境保护,2016,44(08).
[78] 周珂,罗晨煜.论环境督察制度创新与建设[J].环境保护,2016,44(07).
[79] 苏杨.国家公园体制试点是生态文明制度配套落地的捷径[J].中国发展观察,2016(07).
[80] 郁庆治.生态马克思主义与生态文明制度创新[J].南京工业大学学报(社会科学版),2016,15(01).
[81] 苏杨.国家公园、生态文明制度和绿色发展[J].中国发展观察,2016(05).

[82] 施志源.环境标准的现实困境及其制度完善[J].中国特色社会主义研究,2016(01).

[83] 王金南,刘倩,齐霁,等.生态环境损害赔偿制度:破解政府买单困局[J].环境保护,2016,44(02).

[84] 王金南,刘倩,齐霁,等.加快建立生态环境损害赔偿制度体系[J].环境保护,2016,44(02).

[85] 沈满洪.生态文明制度建设:一个研究框架[J].中共浙江省委党校学报,2016,32(01).

[86] 吴舜泽.规划视角下的生态环境治理体系和治理能力提升[J].环境保护,2016,44(01).

[87] 王永刚,张俊娥,王旭,等.企业生态文明建设框架研究[J].中国人口·资源与环境,2015,25(S2).

[88] 邓玲,周璇.全面推进生态文明建设的协同创新研究[J].新疆社会科学,2015(06).

[89] 陈小燕.以生态文明制度化解"公地的悲剧"困境:基于"双重经济人"的视角[J].理论导刊,2015(10).

[90] 廖小明.略论生态文明制度公正的价值意蕴[J].求实,2015(09).

[91] 张惠远,张强,刘煜杰,等.我国生态文明治理能力建设制约因素与制度改革任务分析[J].中国工程科学,2015,17(08).

[92] 张平,黎永红,韩艳芳.生态文明制度体系建设的创新维度研究[J].北京理工大学学报(社会科学版),2015,17(04).

[93] 邹长新,徐梦佳,林乃峰,等.底线思维在生态保护中的应用探析[J].中国人口·资源与环境,2015,25(S1).

[94] 朱留财,张雯,陈兰,等.以生态环境制度体系创新推进生态文明治理制度转型[J].环境保护,2015,43(11).

[95] 高吉喜,邹长新,郑好.推进生态保护红线落地 保障生态文明制度建设[J].环境保护,2015,43(11).

[96] 包存宽.基于生态文明的战略环境评价制度(SEA2.0)设计研究[J].环境保护,2015,43(10).

[97] 廖小明.中国特色社会主义生态文明制度的公正价值及其向度[J].

理论导刊,2015(04).
[98] 李仙娥,郝奇华.生态文明制度建设的路径依赖及其破解路径[J].生态经济,2015,31(04).
[99] 耿秋萍,熊伟.加快建设生态文明制度体系 大力推进环保产业发展:访全国人大代表、中国社会科学院马研学部主任程恩富教授[J].环境保护,2015,43(06).
[100] 杜艳艳,董贵成.生态文明制度体系初探[J].理论月刊,2015(02).
[101] 朱坦,高帅.新常态下推进生态文明制度体系建设的几点探讨[J].环境保护,2015,43(01).
[102] 姜帅.制度体系建设是生态文明建设的根本保障[J].人民论坛,2014(29).
[103] 朱坦,高帅.推进生态文明制度体系建设重点环节的思考[J].环境保护,2014,42(16).